世界哲学家书系

弗洛伊德
FREUD

陈小文　著

东北师范大学出版社
NORTHEAST NORMAL UNIVERSITY PRESS

图书在版编目（CIP）数据

弗洛伊德 / 陈小文著 . — 长春：东北师范大学出版社，2019.12
（世界哲学家书系）
ISBN 978-7-5681-6494-8

Ⅰ . ①弗… Ⅱ . ①陈… Ⅲ . ①弗洛伊德（Freud, Sigmmund 1856-1939）－思想评论 Ⅳ . ① B84-065

中国版本图书馆 CIP 数据核字（2019）第 287111 号

责任编辑：包瑞峰　　封面设计：丁　瑶
责任校对：陈忠坤　　责任印制：许　冰

东北师范大学出版社出版发行
长春净月经济开发区金宝街 118 号（邮政编码：130117）
电话：0431-84568126
网址：http://www.nenup.com
厦门市竞成印刷有限公司
厦门市湖里区后坑前社 37 号
2020 年 6 月第 1 版　2020 年 6 月第 1 版第 1 次印刷
幅面尺寸：142mm×210mm　印张：9.75　字数：202.8 千

定价：72.00 元

（版权所有，盗版必究）

自 序

　　如果在十多年前问我弗洛伊德是何许人也，我会瞠目以对。第一次知道弗洛伊德的名字还是在西方哲学史的课堂上，当时老师超出题外讲到弗洛伊德的泛性主义观点，使我们这些刚进大学的少男少女既羞涩又兴奋，此后就一直琢磨着要找本书来看看。北大图书馆的藏书目录卡上有1949年以前商务印书馆出版的《精神分析引论》，也有台湾版《梦的解析》，每次我们把条子递进去的时候，都被管理员打了回来，告诉我们是禁书不借，并以奇怪的目光盯着你，使你有偷看黄色书籍的难堪。当时撩人心性的还有尼采，他的权力意志使我们这些刚入大学的"天之骄子"听了耳热，想从其书中找点成名成家的精神动力。其时尼采被当作法西斯主义的理论前驱，他的著作也属禁阅之列，但是在北大图书馆的文科阅览室里，居然有一本复印的《查拉图斯特拉如是说》供人自由阅览，因此我们当时愤然不解：为什么法西斯主义理论者的著作可以自由阅览，而作为心理学家的弗洛伊德的书籍却被禁止借阅？甚为感叹道德的禁锢甚于政治。

　　1984年，商务印书馆重印《精神分析引论》，举世为之注目，外电纷纷报道，商务印书馆为此还专门召开了一次记者招待会，可见其意义之重大。记得当时我们也异常兴奋，奔走相告去抢购。由于购书人太多，新华书店只满足提前预订者，一时间持有预订单的人成了人们追逐的对象，一如上海股民追逐股票认购证一样。为了买到书，大家纷纷涂改订单，将一本改为十本，两本改为二十本。我就是通过这种方式买到这本书的。当我以猎奇的心态一口气读完这本书以后，购书的兴奋转变为阅后的惊恐。按照书中的观点，我不断地反躬自问是否有恋母恨父的俄狄浦斯情结，是否有自恋的纳西索斯情结；一觉醒来，就要回忆昨晚是否做梦，其梦境又具有什么样的性的含义。我有轻度恐高症，按照弗洛伊德的观点，之所以恐高是因为担心别人推你下去，之所以担心被推下去是因为你无意识中有一种推人下万丈深渊的欲望，或者说儿时受过这方面的创伤，我吓出了一身冷汗，我有推人下万丈深渊的欲望吗？我小时候把人从高处推下去过没有？当时弗洛伊德着实使我担惊受怕了一阵子。其后弗洛伊德的著作如雨后春笋般出版了，还形成了一股不大不小的热潮，而此时我倒冷静了下来。

　　重读弗洛伊德是在读研究生之后。我研究的方向是海德格尔，不知为什么我总感到海德格尔与弗洛伊德具有某种共通的地方，这是一种很奇怪的想法，但我相信不会错。因此，在读书时我不断地将其对比，经过不断思索，我逐渐认识到，那就是在自由和人的问题上，他们两人都使自由由外在转向内在，使人从抽象走向具体。弗洛伊德的这一思想被弗洛姆和马尔库塞阐释得更清楚。

　　1991年秋，洪汉鼎老师讲到东大图书公司正在编辑一套

《世界哲学家丛书》，问我是否愿意为之撰稿，我挑选了尼采和弗洛伊德，因为这两人都是我非常熟悉的人物，写起来可能会得心应手些。承蒙傅伟勋教授的支持，同意我撰写弗洛伊德。我原本拟定半年时间写完，可是当我拟定写作提纲时，越来越感到要全面准确地评介弗洛伊德何其难也，我阅读了大量的中外文书籍，力图从中找出一本便捷的参考书，最后不得不放弃这一企图，决定直接从原著着手，从弗洛伊德本人那里找出一条便捷的通达他的思想的途径。我至今还记得我意外地借到弗洛伊德研究版全集时的喜悦心情，我激动得语无伦次，来不及擦去书上的灰尘就心急火燎地翻阅起来。我从原著中理清了思路，按照弗洛伊德的观点将其思想分为导论和本论两个部分，导论包括过失、梦和神经病的研究，本论包括无意识、本能和文化哲学的研究。但是架起了屋架并不意味着造得成大厦，开得出菜单不一定炒得出菜，写作的过程也不是一帆风顺的，每一章的完成真如尼采所说，有如母鸡下蛋的痛苦，当然亦有母鸡下蛋的痛快。好几次都有打退堂鼓的念头。感谢武维琴老师和洪汉鼎老师的不断鼓励和支持，经过两年的努力，终于写出了现在呈现在读者面前的这本书。也许这座大厦造得不好，也许这道菜不合口味，但是每念及自己已尽其能，也就心安了，唯一希望的是，请读者多多批评指教，以便提高我对弗洛伊德的认识。

1994 年

目 录

第一章　弗洛伊德的生平 ································ 1

第二章　弗洛伊德的思想渊源 ························ 29
第一节　弗洛伊德与理性主义传统 ················ 29
第二节　弗洛伊德与非理性主义传统 ············· 34
第三节　弗洛伊德与他的时代 ······················ 41
第四节　弗洛伊德与他的父母 ······················ 51

第三章　过失心理学 ···································· 57
第一节　过失是有意义的 ···························· 57
第二节　过失的机制 ·································· 67
第三节　对三种过失的分析 ························· 72
　一、舌误，及笔误、读误 ·························· 75
　二、遗忘 ·· 81
　三、误放、误取及失落物件 ······················· 85

第四章　梦的解析 ······································· 89
第一节　析梦的历史 ·································· 89
第二节　梦的解析的方法——一个梦例的分析 ···97

第三节　从儿童的梦看梦的性质 …………………… 105
第四节　梦的检查作用 …………………………………… 108
第五节　梦的工作 ………………………………………… 112
第六节　梦形成的程序和机制 ………………………… 114

第五章　神经病通论 ………………………………… 119

第一节　歇斯底里研究 …………………………………… 119
第二节　神经病通论 ……………………………………… 128
　一、自由联想法 ………………………………………… 129
　二、症候的意义 ………………………………………… 131
　三、症候形成的过程和机制 …………………………… 135

第六章　无意识论 …………………………………… 139

第一节　无意识论的历史 ………………………………… 139
第二节　无意识论的基本思想 ………………………… 145
　一、无意识理论的雏形——类催眠状态 …………… 146
　二、无意识理论的成熟——压抑说 ………………… 148
　三、描述性的和动力学的无意识 …………………… 151
　四、无意识系统的独到特点 …………………………… 153
第三节　无意识与心理人格 …………………………… 155
　一、无意识与自我 ……………………………………… 155
　二、自我与本我 ………………………………………… 157
　三、自我与超我 ………………………………………… 160
　四、自我、本我和超我 ………………………………… 166
第四节　无意识与社会 …………………………………… 168

第七章　本能论 　171

第一节　本能论的形成 　171
第二节　本能的基本特点 　175
一、本能与刺激 　175
二、本能的原动力、根源、目的及对象 　177
三、本能的三大特点：保守性、倒退性和重复性 　179
四、本能的划分 　181
第三节　自我本能和性本能 　181
一、自我本能与性本能 　181
二、力比多学说 　185
三、力比多的发展与性的组织 　187
第四节　生的本能与死的本能 　192

第八章　精神分析的文化哲学 　199

第一节　论文明 　201
第二节　论宗教 　206
第三节　论艺术创作 　214

第九章　弗洛伊德与现代西方心理学 　219

第一节　弗洛伊德与学院派心理学 　219
第二节　弗洛伊德与动力心理学 　224
一、弗洛伊德与麦独孤的策动心理学 　228
二、弗洛伊德与勒温的勒温心理学 　229
三、弗洛伊德"性欲说"与阿德勒的"自卑感" 　230

四、弗洛伊德与荣格的"分析心理学" ……………… 232
　　五、弗洛伊德与霍妮的"基本焦虑论" ……………… 233
　第三节　弗洛伊德与发展心理学 ……………………… 234
　　一、弗洛伊德与埃里克森的发展理论 ……………… 237
　　二、弗洛伊德与沙利文的发展理论 ………………… 241

第十章　弗洛伊德与现代西方社会思潮和文艺思潮 … 245
　第一节　弗洛伊德与存在主义 ………………………… 245
　第二节　弗洛伊德与结构主义 ………………………… 250
　第三节　弗洛伊德与西方马克思主义 ………………… 255
　　一、赖希的"弗洛伊德马克思主义" ………………… 256
　　二、弗洛伊德与弗洛姆 ……………………………… 258
　　三、弗洛伊德与马尔库塞的社会批判理论 ………… 259
　第四节　弗洛伊德与现代西方文艺思潮 ……………… 261
　　一、弗洛伊德与现代西方文艺创作 ………………… 261
　　二、弗洛伊德与现代西方文艺批评 ………………… 265

弗洛伊德年表 ………………………………………………… 267

《弗洛伊德全集》标准版目录 …………………………… 275

参考书目 ……………………………………………………… 295

第一章　弗洛伊德的生平

1856年5月6日，弗洛伊德出生于摩拉维亚的弗莱堡（Freiberg in Moravia）的一个犹太人的家庭。摩拉维亚的弗莱堡今属捷克，当时归奥匈帝国统治。但弗洛伊德的祖籍并不属于奥地利，他的祖先像所有的犹太人一样居无定所，到处漂泊。他的家族曾住在莱茵河（Rhine）畔的科隆（Cologne）附近。十四世纪至十五世纪之间的反犹运动，迫使他的祖先向东逃难。十九世纪期间，又从立陶宛（Lithuania）经加利西亚（Galicia）移居德属奥地利。弗洛伊德的父亲雅各布·弗洛伊德（1815—1896）是个毛织品商人，生意做得不是太好。母亲阿玛莉·弗洛伊德（1835—1930）聪明善良，阅历甚丰，勤俭持家，是一位虔诚的犹太教徒。弗洛伊德还有两个异母哥哥、两个同胞弟弟、五个妹妹，加上他共十二口人。

1860年，因经商失败，加上逃避兵役，弗洛伊德举家来到维也纳。当时弗洛伊德才4岁。在10岁以前，弗洛伊德的教育是在家中进行的。弗洛伊德的母亲对他关怀备至，宠爱有加。他从小智力超群，父母为了培养他，出尽其力。他的家境并不富裕，家中照明用的是烛光，妹妹晚间的学习亦是如此，可是父母却为他的卧室配了一盏汽灯。他的母亲爱好音乐,他8岁的妹妹爱好钢琴。虽然钢琴离他的卧室较远,但他认为琴声打扰了他的学习,坚决要求把钢琴搬走了。因此,家里没有人受过任何音乐教育[①]。弗洛伊德的父亲是一位十分严厉的人,但为人诚实、单纯、心地善良,乐于助人,并且乐观、自信、坚强。弗洛伊德讲到父亲的为人时说,父亲像狄更斯的小说《大卫·科波菲尔》中的人物米考伯那样,是个乐天派。弗洛伊德遗传了父亲的这些优点。他的父亲没有受过什么高深的教育,但对犹太法典《塔尔穆特》用功较深。弗洛伊德幼年的教育主要来自他父亲关于犹太法典的知识和日常的生活经验。1891年,弗洛伊德35岁生日时,他的父亲找出送给儿时弗洛伊德的《圣经》,又将之送给他,并用希伯来文题赠道:

> 亲爱的儿子:上帝的精神开始引导你从事学业的时候,是在你七岁那年。我曾经以上帝的精神对你说:"看我的书吧,这本书将为你打开知识和智能的源泉。"这是万书之本;这是有识之士掘出的"智慧之源"。正是从这里,立法者们引出了他们的知识之流。
> 你已经在这本书中看出全能者的先见之明,你已甘心情愿地聆听了它,你已经照此去做,并已在圣灵的鼓舞下努力高飞。自那以后,我一直保留着这本《圣经》。如今,当你35岁寿辰的时候,我把它从储藏处中取出,

---

[①] *The Life and Work of Sigmund Freud*, vol. 2, p. 209.

并把它赠送给你，作为你的老父对你的爱的标志。②

让一个7岁的孩子诵读《圣经》，可见弗洛伊德的父亲对儿子教育之严格与宗教的虔诚；一个7岁的孩子就能诵读《圣经》，可见弗洛伊德从小智力之超群。

1865年，弗洛伊德9岁时，因其超常智力和好学不怠所取得的成绩，比一般人早一年考入了文科中学（Gymnasium），中学里更显示了他的聪明才智，连续七年，他的成绩一直名列前茅，并享受特别的待遇，从不用参加班里的考试。可能是父亲从小对他进行的犹太法典知识的教育，也可能是由于作为犹太人，一直处于被压迫的缘故，弗洛伊德在中学的志愿是学习法律，从事社会活动。除了正常的功课外，弗洛伊德阅读了大量的课外读物，包括历史、文学、地理、数学、物理、化学、外语等。尤其是对文学，弗洛伊德爱之有加。他最推崇希腊故事、莎士比亚和歌德的作品，弗洛伊德后来的文章中大量涉及这方面的文学内容，与他中学时打下的牢固基础不无关系。

不仅如此，文学还将弗洛伊德引上了医学之路。那是在毕业前夕，弗洛伊德听了一个名叫卡尔·布吕尔（Carl Brühl）教授的一次讲演。在这次讲演中，布吕尔教授朗诵了歌德的一篇散文《论自然》［按：这篇散文当时认为是歌德写的，实际上，据皮斯特兹（Pestalozzi）考证，其真正的作者是托波勒（G. C. Tobler），一位瑞士作家，歌德当时误

---

② *The Life and Work of Sigmund Freud*, vol. 1, p. 19.

把它收入全集中,以致传讹]。这篇散文具有如此大的感染力,它使弗洛伊德放弃从事法律工作的夙愿,而走上了他的天命之途。弗洛伊德当时憬然有悟,"决定要做一名医学院的学生"③。不仅如此,这篇文章还一直萦绕在他的心头,在他本人的一个梦中起过重要作用。那么,这是一篇什么样的文章呢?幸乎其短,我们也可以在此听一听:

> 大自然,就在你抵制它的时候,你也在服从它的规律,就在你自以为顶撞它的时候,你其实是在顺它而动。
> 它没有语言不能说话,但是它创造了一种种的语言和一颗颗的心,可以感觉,可以说话。
> 它的王冠就是爱。只有通过爱,你才能接近它。它在万有之间布下一道道的沟,但这无非是为了紧紧拥抱。它为了一切的结合而一切地孤立。对于那痛苦的生命,只消在爱的杯子里啜上几口,它就给予全部的补偿。
> 它是完整的,赏与罚,享乐与受苦,全在它。它严峻而温和,可畏而可爱,至弱而至强。在它,始终是同样的它。它既不知有过去,也不知有未来。它的永恒就在于现在。它就是善。我因它的种种造物而称颂它。它明智而宁静,谁都休想从它那里掏得半句解释,它决不白送给谁半点儿礼物。它是狡猾,但它的狡猾的目的在于善,因此,最好是别看它的狡猾。
> 它是完整的,然而它始终是未完成的。它对于自己所做

---

③ *An Autobiographical Study*, p.14.

的，可以一遍又一遍地做个不休。

它以合适的形象呈现在每一件事物下。它隐蔽在千差万别的名目下，名目万别千差，它始终是同样的它。

它已把我投入这世界，它将使我离开这世界。我把自己支付给它。它可以随意调排咱。咱是它的造物，它恨不了咱。因而这说的它，可不是咱在说它。不，真和假，全是它说的它。过全是它，功也全是它。

这的确是一篇孤篇横绝的美妙散文。但是，为什么其优美的文笔没有将弗洛伊德引向文学，为什么其题目的精巧、内容的精湛没有将弗洛伊德引向动物学、植物学、矿物学，而是将他引向了医学？这是一个谜。据说，关于这次讲演，弗洛伊德为维也纳一家报纸写过一篇评论，但现在已无从查证。弗洛伊德在《自传》中说："我是为一种好奇心所驱使，而这种好奇心更多的是对于人类的关心，而不是对于其他事物。"[④] 一篇《论自然》的散文，使弗洛伊德去关心人类，而不是去关心自然，由此可见，弗洛伊德天生具有独特的思维方式。

1873年，17岁的弗洛伊德因其优异的成绩，被保送进了维也纳大学医学院。在大学里，弗洛伊德一如在中学中一样，涉猎很广，他什么课都听，什么书都看，人们都不知道他要学到哪儿去，连他自己也不知道。事实上，弗洛伊德在大学里过得很不顺心，他一时冲动上了医学院，但一

---

④ *An Autobiographical Study*, p. 13.

进医学院以后，就马上"体验到一些明显的失望"⑤。首先是他的犹太血统使他遭受排挤；其次，过于广泛的涉猎使他医学成绩平平，同学中甚至有人在嘲笑他将成为大学园地里的"一枚干瘪的果子"。弗洛伊德一下子从中学的宠儿变成大学里的嘲笑对象，他的自尊心受到了严重的伤害。弗洛伊德不甘心做一个劣等生，他即时认清了自己的处境，"在大学的开头几年里，我不得不认清，我的才能的特征及其局限性，使我不可能在我于青年时期就急切地投身于其中的许多科学领域中取得全部成功。这样，我懂得了梅菲斯托费勒斯（Mephistopheles）的告诫之真谛：'对科学的广泛涉猎是徒劳无功的，每个人只能学到他所能学的东西。'"⑥

在大学二年级的时候，弗洛伊德又显示了他的超群才智，他参加了一系列的研究活动，取得了优异的成绩。在维也纳大学医学院，根据动物学家克劳斯教授的建议，每年选派一些优秀学生到的里雅斯特（Trieste）动物实验站去实习两次，弗洛伊德是第一批被选拔的学生。他在这里做关于鳗鱼性腺结构的论文，取得了重要成果。其论文被克劳斯教授在科学院会议上宣读，并在院内的《学报》上加以发表。这第一次成果，增加了弗洛伊德科学的信心。

但是，直到1876年，命运才再次把这位未来的伟人拉上他的天命之途。用弗洛伊德的话说就是："找到了归宿和

---

⑤ *An Autobiographical Study*, p. 14.
⑥ *An Autobiographical Study*, p. 15.

充分的满足，同时也找到了应该尊敬并可奉为楷模的人。"⑦这个"归宿"就是恩斯特·布吕克的生物学研究所，这位"可奉为楷模的人"就是恩斯特·布吕克(Ernst Brucke)。布吕克是科学史上煊赫的"柏林物理协会"的三个创始人之一，另外的两个人是杜布瓦-雷蒙(DuboúsRaymond)和伟大的物理学家赫尔姆霍兹(Hermholtz)。这个协会后来以"赫尔姆霍兹学派"著称。弗洛伊德自从进入生物学研究所，师从布吕克，他所企求科学真理的热忱就被点燃了。布吕克是他终生服膺的老师，二十年后，当弗洛伊德名满天下、桃李满园的时候，他还深情地对他的学生琼斯(E. Jones)说：

> 他是个自觉的、不知疲倦的劳动者，他要求他的合作者和学生也具有这种品质。这有一则典型的逸事：某学生在作业本上写道："一次肤浅的观察就显示……"待到作业发还，他看到这句话被划掉，旁边批道："谁都无权只作一次肤浅的观察……"这是个完全不懂得玩弄手段和权变的人。看学生，他只看才能。他像个父亲那样教导和保护学生，他要求学生的远远不仅是学问。但是他尊重学生的个人见解，鼓励他们放手做他们的独创性工作，即使见解不同也无妨，因此就有利于每一个有才能的学生。人们常说，他的朋友和学生没有一个是对他不忠实的。⑧

---

⑦ *An Autobiographical Study*, p. 15.
⑧ *The Life and Work of Sigmund Freud*, vol. 1, p. 44.

布吕克指定弗洛伊德钻研生理学的一个分支——神经系统组织学，这门学科不太合他的胃口，但他仍坚持严肃认真地钻研了。1877年，他拿出了第一个科研成果：《鳗鱼的生殖腺的形态和构造》(Beobachtungen über Gestaltung und feineren Bau der als Hodern beschriebenen Lappenorgane des Aals)。布吕克认为，作为一名新手，这个报告已经很令人满意了，于是推荐在科学院学报上发表。1878年，弗洛伊德又发明了用金氯化合物给神经细胞染色的技术来研究八目鳗脊髓神经节细胞和蝲蛄神经细胞，发现了类似我们今天所谓的神经元相近的结构。他把他的发明和发现写成论文，得到布吕克的激赏，认为"已远远超过一名新手的水平"，并再次推荐给科学院学报。

仅两年就有这样大的成绩，弗洛伊德兴高采烈，踌躇满志，以至在《自传》中自豪地说："人们一般认为，我是被选拔出来补充下一个有可能空缺的助手职位的。"[9] 几年以后，他还在第一部成名著作《梦的解析》中，对这个时期的情况反复地叙述、分析。弗洛伊德准备安心在生理学上立业了，1878年，他在写信给他的朋友克罗帕夫马黑尔(W. Knoepfmacher)时说："剥动物皮与折磨人，这两者之间我宁愿选择前者。"[10] 这意思是说，他不想做医生，而要做生理学家了。从1876年到1882年整整5年的时间（其中1879年至1880年以医学院学生的资格服兵役，为奥匈帝国

---

[9] *The Life and Work of Sigmund Freud*, vol. 1, p. 16.
[10] *Letters of Sigmund Freud* 1873—1939, p. 24.

尽臣民的义务了），弗洛伊德一直埋头于神经系统组织学的研究，"医学本身的各个分支，除精神病学（Psychiatry）之外，对我都没有吸引力。我明显地放松了我的医学课程的学习，因此直到1881年，我才获得了那姗姗来迟的医学博士学位"⑪。

如果事情按这种情况发展下去，那么昨天的生理学领域也许会多一个专家，但是今天的心理学和医学就少了一个学派，今日西方的社会生活也不知会是一个什么样的情况。但是，命运再次显示出它的威力，"1882年是我的转折点，我最崇敬的老师发现我的经济状况困窘，极力劝我放弃理论研究工作，从而纠正了我父亲高尚而毫无远见的想法。我听从了他的劝告，离开生理研究所进入了维也纳总医院（The General Hospital）做了一名'临床助理医生'（Aspirant）⑫"。这一年，弗洛伊德家的经济状况到了衰落的地步，他的父亲为了让心爱的儿子做教授，出人头地，不惜让他的妹妹外出帮佣，所以弗洛伊德对他的父亲有些微词。但事实上，弗洛伊德的家庭并非突然中落，至少在他进医学院那年他的父亲已经感到艰难拮据了。但是为什么八年来他毫不在意，而今天在老师的提醒下，却能放弃具有光明前途的生理学教授职位的诱惑，而去干自己不喜欢的医学呢？据传记学家考证，这是由于他的未婚妻。

弗洛伊德的未婚妻名叫玛莎·贝尔奈斯（Martha

---

⑪ *An Autobiographical Study*, p. 16.

⑫ *An Autobiographical Study*, p. 16.

Bernays)。玛莎身材苗条，举止文雅，外表娇美，甜蜜而温柔。但是，弗洛伊德注重的是她的内在美。他在给玛莎的一封信中写道："不要忘记，'美丽'只能维持几年，而我们却得一生生活在一起；一旦青春的艳彩成为过去，那唯一美的东西，就在于内心所表现出来的善良和了解上。这正是你胜过别人的地方。"⑬玛莎的家族是个显赫的犹太世家。弗洛伊德认识玛莎时，她才21岁，比弗洛伊德小5岁。就在布吕克劝告弗洛伊德之前三个月，即1882年6月17日，俩人私订白头之约。为了急于成家，弗洛伊德再也不耐烦在等待教授头衔的漫长道路上踽踽独行了。为了改善与自己的终身大事有关的经济问题，于是违心地走上了自己"一错再错"所选择的医学之路。

关于未婚妻，弗洛伊德在《自传》中说过这样的一句话："我之所以在青年时代没有成名，正是因为我那时的未婚妻的缘故。"⑭

弗洛伊德归咎于未婚妻的所谓"青年时代未成名"，主要的并不是指改道医学，而是他在1882年6月17日订婚到1886年9月14日结婚这四年又三个月里所蒙受的"江湖骗子"的"恶名"。

1884年，弗洛伊德由于一种业余爱好，从梅克（Merck）化学公司找到了一些当时尚未弄清其功能的生物碱可卡因（Cocaine），并研究其生理作用。1884年4月21日，他给玛

---

⑬ *The Life and Work of Sigmund Freud*, vol. 1, p. 102.
⑭ *An Autobiographical Study*, p. 24.

莎的信中说：

> 我猜想，如果把可卡因应用于心力衰竭、神经官能症引起的疲劳，或者因戒断吗啡导致的那种痛苦，可能有效。我要亲身试试。也许已有许多人试过，也许它毫无价值，但是我不愿不试就把它放过。你知道，有人经常试、始终愿意试，好日子这才终于降临到他的身上。这种机会，我们可以设想只要遇到一次，我们的成家就不成问题。⑮

成名加上成家使弗洛伊德对这项研究投入了极大的热情和精力。功夫不负有心人，弗洛伊德对可卡因的研究也取得了长足的进步。1884年5月25日，他在写给玛莎的信中说：

> 我现在就可以动手写论文了。可卡因可望与吗啡并肩，甚至等而上之。我还因为它而产生其他种种希望和计划。我在定期服用小剂量的可卡因，它治疗精神疲倦和消化不良的效果出色极了。我希望它能够根除最顽固的呕吐症，哪怕是由疼痛引起的症状。现在我感到自己是个真正的医生了……倘若事情一直是这样顺利，我们再也不用为结婚和维也纳定居发愁了。⑯

---

⑮ *Letters of Sigmund Freud* 1873—1939, p. 123; 参见 *Freud, The Man and The Cause*, p. 59.
⑯ *The Life and Work of Sigmund Freud*, vol. 1, p. 81.

1883年6月，玛莎随全家搬到汉堡去了，弗洛伊德已有一年多没有见到玛莎，思念之情与日俱增，其时，他还准备澄清可卡因的麻醉作用和证实它在局部外科手术中的麻醉功效，这还得做一些实验。这些结果他原应该写进他的论文之中，但是他等不及了，因此，他匆匆忙忙地写完论文，只叙述了可卡因的镇痛提神作用，对它的麻醉作用只进行了预测。他把这未完成的实验交给他的好友、眼科专家柯尼西斯坦因（Königstein）。1884年9月，弗洛伊德前往汉堡和未婚妻度过了四个星期的好时光。回到维也纳后，却发现担保他们结婚的实验还没完成，另一个人已捷足先登了——卡尔·科勒（Karl Koller）已抢先宣读了他在牛眼睛上实验可卡因麻醉的结果，弗洛伊德结婚的保障泡了汤，同时也失去了一次成名的机会。

非但未成名，弗洛伊德还背上了"恶名"。由于弗洛伊德的那篇论文写得实在妙趣横生，在一般读者之中被当作科学佳作在传诵，可卡因一时之间在中欧的一些城市成为时髦的常服药品，许多人因此成为瘾君子，成了一大社会问题。追根溯源，论文的作者也就成了"江湖骗子"。

在此期间，弗洛伊德一直在维也纳总医院实习，由于他工作突出，不久就升为住院内科医生，并在医院的各个科室里工作。同时，他还继续他乐此不疲的生物学研究，把布吕克研究鱼类的课题扩展到人类中枢神经系统，由此又结合医学，开始研究神经方面的疾病。当时，神经病理学的研究还处在初步阶段，许多问题还没有弄清楚。在神经病理学方面的权威是巴黎的沙可（Charcot），弗洛伊德因此热切希望到巴黎进修学习。

1885年春,弗洛伊德由于组织学方面和临床方面的论文,被任命为神经病理学讲师,并且又在布吕克的热情推荐下,获得了一笔数目不少的奖金。秋天,弗洛伊德终于如愿以偿地成了法国萨佩特里尔(Salpêtrière)医学院的一名学生。弗洛伊德对沙可赞赏备至:

> 沙可确实有教授的魅力。他的讲座结构和内容都很精严,每一堂课都是小型的杰作,但形式的恢宏与完善使听者终日难忘,并为他的论证所盘踞。他举病例,极少举一个孤例,每举一例,总是辅之以一整列的相反例子,并以之相互比较。
> 从他的讲座出来,我常常觉得自己像是从圣母院出来,有一种再度完善的感情。他给我的震撼是这样剧烈,每当我离开他,我就无心去想我的蠢念头,我会一连三天无所事事,然而并不觉得自己这样是可怪的。⑰

但是沙可并没有注意到这个奥国学生,弗洛伊德只是默默无闻地学习。有一天,沙可在讲课时说,因为战争,他的讲课一直未能翻译成德文,他对此感到遗憾。如果有人愿意将他最近的讲稿译成德文,他会高兴的。弗洛伊德以一个学生的虔诚和一个犹太人的机敏立即写信向沙可自荐。沙可接

---

⑰ *Correspondence*: 1873—1939. 参见 *Freud, The Man and The Cause*, p. 70.

受了弗洛伊德的请求。从此，弗洛伊德开始与沙可进行直接的交往，并参与了沙可诊所的一切活动。

弗洛伊德跟沙可学习的主要是他关于歇斯底里（hysteria）的研究。沙可证明了歇斯底里的真正症状和规律性，并证明了男性歇斯底里经常发生等情况。1886年2月，弗洛伊德离开巴黎，结束了在沙可那里的学习。在离开巴黎之前，他同沙可讨论了一个歇斯底里性麻痹和器质性麻痹（hysterical and organic paralyses）做比较研究的计划，沙可充分肯定了他的观点。

1886年9月14日，弗洛伊德与玛莎结婚，他们在维也纳安家落户。弗洛伊德以神经病（nervous diseases）专家的身份继续在维也纳总医院做内科医生。可是神经病治疗在当时还是个新兴学科，人们根本不了解。许多人听了弗洛伊德的讲课后，都惊奇地大叫道："天哪，我亲爱的先生，你怎么能说出这样荒唐的话？歇斯底里是子宫（hystera）的意思，男人怎么会得这种病呢？"[18] 尽管弗洛伊德用病例进行了充分的论证，也没有得到大家的赞赏。

弗洛伊德仍然执着地追求他的事业。在1886年到1891年这一期间，为了确立自己在这一新的职业中的信誉，并保障自己和家庭的物质生活，弗洛伊德兢兢业业地从事精神病的治疗，几乎没有做什么科研工作，也没有发表什么文章，直到1895年与布洛伊尔博士（Dr. Josef Breuer）合著《关于歇斯底里的研究》（*Studien über Hysterie*）。

---

[18] *An Autobiographical Study*, p. 25.

布洛伊尔是弗洛伊德的老朋友，在布吕克研究所时他们就结识了，并产生了友谊。布洛伊尔是维也纳最受尊敬的家庭医生之一，而且有从事学术研究的经历，已出版好几本有长久价值的关于呼吸生理学和平衡器官方面的著作。他智力超群，为人热情，在弗洛伊德的行医过程中帮助很大。布洛伊尔长期从事歇斯底里研究，他利用催眠法使病人将自己的病情宣泄出来。《关于歇斯底里的研究》主要是布洛伊尔的研究成果，它强调情绪生活的意义，强调区别无意识（Unbewusstein）心理活动和有意识（Bewusstein）（或者说能够意识到的）心理活动的重要性。布洛伊尔的宣泄法没有太多地论述性欲问题，弗洛伊德提供给《关于歇斯底里的研究》一书的那些病历当中，性因素起一定作用，但是对于性欲的注意程度和对于其他情绪刺激的注意的程度基本上是相等的。弗洛伊德认识到，在《关于歇斯底里的研究》一书中试图建立的理论还很不完善，尤其是它们根本还没有触及病源学（Aetiology）的问题，没有触及致病过程的根源问题。

于是，弗洛伊德把探溯病源学的问题作为自己的注重点。在不断行医的过程中，他迅速地从积累的经验中认识到，在神经病现象背后起作用的，并不是任何一类情绪刺激，而常常是一种性本能。它或者是一种当时的性冲突，或者是早期的性体验的影响。于是弗洛伊德超出歇斯底里的研究范围，开始调查那些在他咨询时间内大批到来的所谓神经衰弱者的性生活，发现在所有这些病人身上，都存在着严重的性功能滥用现象，弗洛伊德于是便毫无例外地把神经病症都当作性功能紊乱来看待。但是，弗洛伊德的这些结论和关于这一方面的论题得到的反应只是怀疑和否认。

催眠术和宣泄法虽然在治疗精神病时取得了重大作用，但是也有极大的局限：一是病人在宣泄工作似乎就要完成的时候，会突然出现一种"移情"（Die Übertragen）现象；二是病人会有周期性的复发，不能从根本上治疗。如何从根本上解决这些问题？弗洛伊德发现病人在深度催眠中能够再现那些忘记了的东西，因此，他认为，应该通过这种方式追溯病人痛苦发作的根源，"我感到我现在已经抓住了在催眠术背后起作用的那个神秘因素的实质"[19]。弗洛伊德认为，精神病人头脑里有两种特殊的冲动与之对抗，这就是"抵抗"和"本能"，这两种冲动固定不变的过程称为"压抑"，当被压抑的冲动从某种地方冲出来时，病人的"症状"就产生了。这就是弗洛伊德的"压抑学说"。于是他利用压抑理论进行新的诊治，不是像先前一样利用"发泄"使病人进入歧途，而是暴露压抑，用判断行动取代之，弗洛伊德称此方法为"精神分析"（Die Psychoanalyse），以区别于从前的"宣泄法"。

对于神经症的那些沉淀于下和深藏于后的起因的探究，使弗洛伊德越来越经常地注意到病人的性冲动及其对性冲动的抵抗这两者之间的冲突，并一直将其追溯到童年，得出了人所具有的"恋母情结"和"恋父情结"，提出了"力比多"这一中心概念。

弗洛伊德的大胆理论，令整个德国医学界吃惊不已，他

---

[19] *An Autobiographical Study*, p. 48.

把性的问题明目张胆作为他的理论基石，使人们谈"弗"色变，亲朋几近与之绝交，病人更不敢登门求医。从前的良师加朋友布洛伊尔早在《关于歇斯底里的研究》一书出版之后，怕他的这位同仁"甘冒不韪"给他惹来麻烦，由冷淡而终至断绝往来。经常给弗洛伊德介绍病人的同行，由于害怕连累，再也不敢介绍自己的病人上弗洛伊德那儿去了。上流社会的太太小姐，从道听途说得知弗洛伊德的病理学说和治疗方法如此这般，也纷纷退避。1897年的某一天，在弗洛伊德的门诊日志上，只记着三个人——两个免费的，一个就是他自己（此时，他正以自我分析来治疗自己的神经官能症）。而过去，他的门诊最盛时达到一天十到十二个病人，忙得不亦乐乎。弗洛伊德此时要负担十二口人的家庭生活——六个孩子、母亲和两个未出嫁的妹妹、妻子及妻妹。十二口人的衣食住行都得依赖于自己诊所的收入，冷落的门庭使弗洛伊德面临着在自己开辟的医学道路上是进还是退的攸关考虑，但是他毅然选择继续前进：

现在我不再知道自己处在哪儿啦，因为我对于压抑的理论，以及在压抑中显示的作用并不理解……如果我被压倒了，过度疲劳了，我的那些观念也就会给闹混了，那么我可以把以上的疑问看作软弱的标志。但是由于我正被逼在对立的位置上，我必须把这些疑问看作是正直的、有效的脑力劳动的结果，并且引以为自豪——在走了这么远的路程之后，我还有自我批评的能力……
保持宁静的心境，一切全在于此。我确有自己都极不满意的地方。不朽的名声，稳定的财富，充分的独立，旅游和切实地使我的子女免受我青年时代所受的种种忧虑，这一切全在于歇斯底里病理和治疗法研究的成败。为此，我必须保持平静，甘于淡泊，樽节度日，听任忧虑煎熬。[20]

此时，弗洛伊德自己一直受神经官能症的困扰，他不断地利用自己的梦进行自我分析，一年多的自我分析使他把自己保持在健康范围之内，没有因工作的劳累和家庭的重担所压倒，由此可见，自我分析的确是一种良好的训练。在此期间，弗洛伊德对梦的解析发生了兴趣。弗洛伊德本是个多梦的人，对梦的神秘性感到有趣。在进行精神分析时，他发现，病人在进行自我联想时总掺杂一些有关梦的叙述，而从这些叙述中更能激发起他们的联想，同时，他发现精神病人的幻觉与患者之梦有某些共同之处。

在有案可查的病例中，弗洛伊德所做的第一个梦的分析是在1895年3月4日。在这个病历中，弗洛伊德就显示出"梦是愿望的满足"这一原理。但是，真正得出这一结论的，则是在1895年7月24日，星期三，这个具有历史意义的一天。在这一天，弗洛伊德由于完成了一项自己的梦的完全分析，而对这一原理获得了证实。这个梦就是后来众所周知地写在《梦的解析》里的经典案例"伊玛打针"（见本书

---

[20] *The Origins of Psychoanlysis*: Letters Daffs and Notes to Wilhelm Fliess.

第四章第二节)。

从1895年到1897年,弗洛伊德分析了大量的梦,得出了一系列的结论,取得了重大的成果,于是他计划写一本《梦的解析》(Die Traumdeutung)的书。这件工作花了他两年时间,书成之后,弗洛伊德沾沾自喜,几乎不想把这部具有独创性的研究成果发表。但是,家庭的困境又使他不得不发表,"把它留给我自己,那我还不够有钱,我要活下去,也许它还是我的唯一指望"[21]。1899年9月末,弗洛伊德终于把这部书稿送交给了出版社。11月,《梦的解析》开始在书店出售。但是版权页上写的却是1900年,使这部跨世纪的书变成了开创世纪的书。

但是,这本书并没有像弗洛伊德所指望的那样为他大赚其钱。书在书店里躺了18个月,问津者寥寥无几,学术界也几乎是抵制的冷淡,因此,他倒欠了一笔出版费。究其原因,是由于书名使人们把它看成是一本圆梦的书,而不是对梦的分析、研究,而且行文的晦涩也使一般人望而生畏。弗洛伊德在回忆这段历史的时候,仍愤愤不已:

> 1900年出版的《梦的解析》,专业刊物上几乎没有任何评论。我曾经在《精神分析运动史》这篇文章中,提到过与那个诊所(我在这里讲过学)里的一位助手的一次谈话,把它作为维也纳精神病学界所持态度的一个例

---

[21] *The Origins of Psychoanalysis*: Letters Daffs and Notes to Wilhelm Fliess.

子。这个助手曾经写过一本书，反对我的理论，但他从未读过我的《梦的解析》。因为诊所里有人告诉他说这本书根本不值一读。就是这个人，从那时起就成了教授，他竟然拒绝承认我所提到的那次谈话，企图使人们从根本上怀疑我的记忆的准确性。我现在只能说：我仍旧坚持我当时陈述的每一个字。[22]

在忍耐了18个月的寂寞以后，弗洛伊德决心将这本书交续给有文化的普通读者，他决定将这本书简化、通俗化，在内容上保持原著的原理，但行文简洁明了，题目也改为《论梦》（Über den Traum）。这个通俗本也没有在德语世界引起反响，但引起了英国人和俄国人的注意，他们在1913年将《梦的解析》译成自己的文字。从此，弗洛伊德时来运转，《梦的解析》这本书被译成多种文字传播四方。至于德文本，弗洛伊德也亲眼看见它重版了9次。1931年，弗洛伊德在英文第三版前言中自豪地写道：

本书给心理学做出的新贡献，在首次出版时（1900年）曾令世界为之瞠目，而现时它的原貌却基本保持未变。即使按照现在的眼光去判断，我认为本书仍包含了我既定要遇到的所有发现中最有价值的部分。这种领悟，一个人命中注定会有，但一生只会有一次。[23]

---

[22] *An Autobiographical Study*, p. 87.
[23] *Studienausgabe*, Band II, s. 28.

1902年，对弗洛伊德来说是个重要的年头。这一年，弗洛伊德摆脱了孤军作战的困境，成了一位受尊敬的人。这一年，开始有几个年轻的医生来到他的身边，在确定的计划下学习、使用和传播心理分析学。他们约定每星期三在弗洛伊德家里按一定的规则共同讨论在这一领域的科研方向，并引导其他的人分享他们的利益，其中，有人还准备将精神分析应用到非医疗方面，这些人中有被弗洛伊德称为"我们这个小组的积极而忠实的秘书，并且是我最忠实的合作者"的奥托·兰克（Otto Rank）、弗洛伊德的同事威尔海姆·斯泰凯尔（Wilhelm Stekel）、阿尔弗雷德·阿德勒（Alfred Adler）、马克斯·卡哈勒（Max Kahane）和鲁道夫·赖特勒（Rudolf Reitler）等人。他们的小组取名为"星期三心理学学会"（The Wednesday Society）。这个小组是心理分析运动的萌芽，它在1908年被改名为"维也纳心理分析学协会"（The Vienna Psychoanalytical Society）。此后，弗洛伊德的医务日见起色，中欧各国的病人也纷纷慕名求医。1904年，弗洛伊德出版了他的最受欢迎的一本书《日常生活的精神病理学》(*Zur Psychopathologie des Alltagslebens*)，但也因此就与他的好友弗里斯（W. Fliess）打了一场笔墨官司，终至绝交。当然，这时的弗洛伊德已不像从前的孤家寡人了，他已经有了自己的团体。尤其是在1906年著名青年学者荣格（Carl Gustav Jung）的加入，更使他声势浩大。荣格本来是布洛伊尔的学生，是名震瑞士苏黎世布尔格霍兹利（Bourghölzli）精神病医院的台柱医生。更为重要的是荣格是雅利安人，出身于新教家庭，这使弗洛伊德的团体摆脱了"犹太种族的科学"团体的讥讽,而具有了"国际"的性质。

此后,弗洛伊德声誉日隆,门徒日增。1907年德国的艾丁根和阿伯拉罕、瑞士的路德维希·宾斯旺格(Ludwig Binswanger)专程到维也纳谒见弗洛伊德。1907年,荣格在苏黎世建立"苏黎世心理分析学会"。1908年,阿伯拉罕在柏林建立"柏林心理分析学会"。1908年,匈牙利的山道尔·费伦齐、美国的布里尔(A. A. Brill)和英国的厄内斯特·琼斯(Ernest Jones),也到维也纳求见。这些人后来成为推动心理分析学走向国际的核心人物。

1908年4月26日,在萨尔茨堡(Salzburg),美国、英国、奥地利、匈牙利、德国、瑞士等6个国家的42位学者集会,这就是现在被"国际心理分析学协会"和心理学史家公认的"第一次国际心理分析学大会"(First International Psychoanalytical Congress)。同时,决定创办《精神分析中央学报》(Central Journal for PsychoAnalysis),不久又创办刊物《无意识意向》(Imago),力图把精神分析应用到心理科学中去。

1909年,对弗洛伊德来说是最幸福的一年。美国马萨诸塞州伍斯特(Worcester)的克拉克大学(Clark University)的校长、心理学家斯坦利·霍尔(G. Stanley Hall)邀请弗洛伊德参加克拉克大学庆祝建校二十周年的讲学活动,并演讲。弗洛伊德讲了后来名为《精神分析五讲》的内容,大受欢迎,尤其是在美国他得到了平等的对待和应有的尊敬,哈佛大学的神经病学家詹姆斯·普特南(James J. Putnam),"不顾年高体迈,热心地支持精神分析,把他当时普遍受到人们尊敬的全部人格的力量,投入保护精神分析的文化价值及其目的的纯洁性之中"。㉔尤其使他感动的是大哲学家威廉·詹姆斯(W. James)的会见,他对弗洛伊德及其学说做了极高的评价,詹姆斯对弗洛伊德的学生琼斯说:"心理学的未来是属于你们的。"㉕

访美的成功使弗洛伊德精神大振,在《自传》中,他回忆说:

> 当时我年仅53岁,我觉得自己年轻而健康,对那个新世界的短期访问在多个方面激发了我的自尊心。在欧洲,我感到大家好像都看不起我;但在这里,我发现那些最优秀的人物对我是平等相待的……我好像实现了难以置信的白日梦:精神分析不再是一种幻想的产物,它已成为现实的一个宝贵的部分。㉖

美国之行使弗洛伊德实现了梦寐以求的理想:精神分析学说不仅在一般群众中特别流行,而且一些官方的精神病医生承认它是医学训练的一个重要组成部分。当然,更广泛的承认还为时尚早,1914年和1917年美国心理学家怀特、诺贝尔医学奖获得者罗伯·贝拉尼等人先后提名弗洛伊德为诺贝尔奖的候选人,尔后法国艺术大师罗曼·罗兰也多次努力

㉔ *An Autobiographical Study*, p. 94.
㉕ *An Autobiographical Study*, p. 94.
㉖ *An Autobiographical Study*, p. 95.

为之争取，但均未成功。对此，弗洛伊德自我解嘲地说："我已经两次看见诺贝尔奖从我面前闪过，但我知道，这种官方的承认根本不适合我的生活方式。"㉗

但是，不久发生的事使弗洛伊德快乐的心情蒙上了一层阴影，从 1911 年到 1913 年期间，精神分析中发生了两起分裂主义运动，领导者竟是弗洛伊德的得力干将阿德勒和荣格，发生分裂的主要原因是他们的理论与弗洛伊德的观点发生了冲突。荣格反对弗洛伊德的儿童性欲论和俄狄浦斯情结；阿德勒走得更远，完全否定性欲的重要意义，认为精神病的形成原因是人的权力和欲望得不到满足，以及自卑感。弗洛伊德恼羞成怒，坚持要把他们开除出精神分析协会。1911 年，阿德勒另组自由精神分析学会，开创个体心理学 (individual psychology)。1914 年，荣格从国际精神分析学会分裂出来，树立起分析心理学 (analytical psychology) 的旗帜。面对"分裂"，在琼斯的建议下，成立了守护弗洛伊德的"委员会"，其主要成员有费伦茨、阿伯拉罕、琼斯、萨克斯、兰克。事隔 10 年之后，弗洛伊德评价说："这两次反对精神分析的企图已经烟消云散，没有造成任何危害。"事实上，阿德勒和荣格不仅没有烟消云散，反而声名直上；他们的"分裂"不仅没有危害精神分析运动，反而使精神分析运动日益壮大，声誉鹊起。

鉴于这两次"分裂"活动，弗洛伊德在组织上进行了重

㉗ 罗伯特·唐斯：《影响世界历史的 16 本书》，上海文化出版社，1986 年，第 102 页。

新调整，以保证研究工作的进展。1920年，弗洛伊德将忠实追随他的精神分析学家组织成一个秘密的核心小组：弗洛伊德、兰克、萨克斯于维也纳，阿伯拉罕、艾丁根于柏林，费伦茨于布达佩斯，琼斯于伦敦。弗洛伊德把自己手上戴的戒指作为范样，另铸了六枚戒指发给其余六人。戒指为埃及宝石，面上刻有一老人头像。他们互相通信，每两年集合一次，必要时增加集会的次数。

但是，好景不长，国际精神分析运动又出现了新的分裂，这次是"忠实"的兰克，以及费伦茨。他们背着"委员会"的成员，出版了《精神分析的发展》一书，其内容与观点与弗洛伊德背道而驰。尤其是费伦茨的"泛性主义伦理学"，对正统的精神分析运动来说，是灾难性的。"委员会"的成员们对此是可忍孰不可忍，弗洛伊德本着息事宁人的态度想通过内部解决，但未能如愿。1926年，兰克脱离了组织；1929年，费伦茨又被开除出来。

从1912年起，弗洛伊德开始把精神分析运用到美学、宗教、神话、文化起源等领域，先后发表了《图腾与禁忌》（*Totem und Tabu*，1913年）、《米开朗基罗的摩西》（*Der Moses des Michelangelo*，1914年）、《目前对战争及死亡的看法》（*Zeitgemäßes über Krieg und Tod*，1915年）、《集体心理学和自我的分析》（*Massenpsychologie und Ich-Analyse*，1921年）、《一个幻觉的未来》（*Die Zukunft einer Illusion*，1927年）、《文明及其不满》（*Das Unbehagen in der Kultur*，1930年）、《为什么有战争》（*Warum Krieg?* 1933年）、《摩西与一神教》（*Der Mann Moses und die* monotheistische Religion，1939年）等著作，把精神分析全面贯彻到社会的各个领域。精神分析已成为一种社会思潮，而不再是一种专业知识。当时，有人感慨地说：科学家依靠它，以探求本能的秘密；教育家希望从中找到训诫年轻人的秘诀。弗洛伊德已经正式奠定了作为一个伟大的思想家的地位，他的成就已得到了全世界的公认和称道，1930年，在法兰克福市获歌德文学奖，1935年又被选为英国皇家学会名誉会员。

弗洛伊德已誉满全球。1926年，当他七十寿辰时，收到了布兰德斯、爱因斯坦、罗曼·罗兰等人的贺电，著名文学家茨威格还专门在报纸上发表了祝词。1936年，在他八十寿辰时，从世界各地寄来的贺电更是雪片似的飞来，其中包括托马斯·曼（Thomas Mann）、朱利·罗曼（Jules Romains）、罗曼·罗兰、韦尔斯（Herbert George Wells）、茨威格、伍尔芙夫人（Virginia Woolf）等191名作家、艺术家集体署名的礼奖，整个庆祝非常盛大，尽管弗洛伊德因病没有参加。

纳粹分子在德国猖狂的时候，弗洛伊德像所有的犹太人一样受尽了侮辱，他的书被公开焚毁。1938年，纳粹入侵奥地利，弗洛伊德的家立即遭到蹂躏，在美国总统罗斯福的干预下，通过学生和友人的帮助，他终于得以离开奥地利，前往英国。但是他的女儿被逮捕，他的妹妹们也留在奥地利没能出来。后来，他的5个妹妹就有4个惨遭纳粹杀害。

在英国伦敦，弗洛伊德受到空前的礼遇，社会各界人士对他热情欢迎和照顾，每天慰问信和电报不断，有的人只写上"伦敦，弗洛伊德收"，信即能寄到他的手里。英国国王亲自登临造访弗洛伊德，社会名流纷纷前来拜望。尤其令弗洛伊德激动的是，英国皇家学会派人送来了该学会自 1660 年创立以来代代相传的珍贵纪念册，请他在上面签名留念，弗洛伊德激动得手都颤动得几乎不能写字，因为在这个纪念册上，有伟大的伊萨克·牛顿和查尔斯·达尔文的签名。弗洛伊德在有生之年终于看到自己的名字与达尔文相列在一起，实现了自己梦寐以求的理想。

1939 年，弗洛伊德病情日益严重。早在 1923 年，医生就检查出他得了口腔癌。在后续的岁月里，他的口腔动了 33 次手术，但未能痊愈。1939 年 9 月 21 日，弗洛伊德要求他的医生实现他从前的诺言：在他病魔缠身的时候，不要让他受不必要的痛苦，对他进行安乐死。在征得他女儿的同意后，医生给他服了两毫克吗啡，12 小时之后，又服一次。弗洛伊德在吗啡的麻醉中安然睡去，从 1939 年 9 月 23 日凌晨起，他的心脏停止了跳动，再也没有醒来。

第二章 弗洛伊德的思想渊源

任何真正的伟大理论都不可能是空中楼阁，都有其坚实的基地，因而都有其生于斯长于斯的理论土壤和社会土壤，而且其理论的伟大与局限，都不可避免地打上创立者的个性的伟大与缺陷的烙印。正如弗洛伊德自己喜欢强调的那样，精神分析是他的创造，因此，我们必须对弗洛伊德的个性及其生活环境进行一次精神分析，以便追溯精神分析的起源。

第一节 弗洛伊德与理性主义传统

西方理性主义传统肇始于古希腊，但是，理性主义一词直到中世纪后期，文艺复兴以后才显示出其本真的意义。中世纪是受神学支配的黑暗时代，用马克思和恩格斯的话来说，"中世纪把意识形态的其他一切形式——哲学、政治、法学，都合并到神学中，使它们成为神学中的科目"[①]，"中世纪是从粗野的原始状态发展而来的。它把古代文明、古代

---

① 《马克思恩格斯选集》，人民出版社，1972年，卷四，第251页。

哲学、政治和法律一扫而光,以便一切从头做起"②。十五至十六世纪,随着新兴资产阶级的壮大和发展,他们以其学识影响和财力成了市民等级的代表,并以自己的道德观念、人生态度、情感倾向、法制思想、审美趣味等,使阶级利益所引起的各种冲突带上了浓厚的意识形态色彩。首先是古代希腊、罗马的文化在这一时期得到了"复兴";接着爆发了以马丁·路德为代表的宗教改革运动,同时,"在中世纪的黑夜之后,科学以意想不到的力量一下子重新兴起,并且以神奇的速度发展起来"③,启蒙运动的一个显著特点就是以理性代替信仰。启蒙运动的座右铭就是"sapere aude",即"敢于认识"。路德的宗教改革就是在帝国的议会上否定了罗马教皇的权威并公开宣布说:"人们必须用《圣经》里的话或用理性的论据来反驳他的教义。"④使理性、思想成为一种至高无上的权利,成为一切宗教论争的最高裁判者。哥白尼的"日心说"所依据的主要是哲学的和审美的观点,他追求的是数学上的完全,也是以理性代替盲目的信仰。理性是万物的尺度,是一切事物检查自己存在或不存在的根据。启蒙运动的另一个主要特点是追求真理的热望和勇气。为了走出黑暗的中世纪,许多仁人志士抛头颅、洒热血。路德的学说遭到了教廷的围追堵截,哥白尼被投进了监狱。坚持和宣传哥白尼学说的布鲁诺,宗教裁判所以"异端"的罪

---

② 《马克思恩格斯选集》,人民出版社,1972年,卷四,第400页。
③ 恩格斯:《自然辩证法》,人民出版社,1975年,第163页。
④ 转引自《海涅选集》,人民文学出版社,1983年,第233页。

名将他逮捕入狱,并百般严刑拷打,逼他放弃自己的信念,但他始终不屈,终于在公元 1600 年 2 月 17 日被判处死刑,活活烧死在鲜花广场上。所有这些人,为了坚持真理都历尽"苦其心志、劳其筋骨、饿其体肤、空乏其身"的千辛万苦,但是他们百折不挠,勇往直前。坚持真理、崇尚理性的启蒙精神,形成了西方理性主义传统。斯宾诺莎、康德、卢梭和伏尔泰,尽管他们的哲学差异很大,但他们都有一个共同点:狂热地信仰理性。这种精神一直渗透到十九世纪西欧和中欧的中产阶级之中,特别是为自然科学的进步而献身的学生中间。

弗洛伊德就是这种学生中的一员。在弗洛伊德身上最显著的,也许是最强烈的情感力量,就是他"热望真理,坚信理性;对弗洛伊德来说,理性是能够帮助解决生存问题,或者至少可以减轻人生固有痛苦的唯一一种人性能力"⑤。

弗洛伊德之所以深受这一理性主义传统的影响,首先是因为他的犹太背景。犹太传统本身就是颇具理智素养的传统,而且犹太民族一直深受其他民族的歧视,在情感上具有一种强烈的愿望,那就是力图战胜阻碍他们的解放和进步的那些不合理的、黑暗的、迷信的力量。其次弗洛伊德一直生活在一个动荡不安的环境中。弗洛伊德目睹了意奥战争、普法战争、巴黎公社革命、美西战争、日俄战争和第一次世界大战。他的一生就是在这种战乱频仍、充满血腥、恐怖的环

---

⑤ 弗洛姆:《弗洛伊德的使命》,生活·读书·新知三联书店,1986 年,第 2 页。

境中度过的。当时的奥匈帝国腐朽不堪，处在分裂的状态。政治上的腐朽和社会的动荡很容易唤起一个聪明的孩子的怀疑，易于促进他的批判精神的发展。他的家庭从小康走向困顿的经历，也使他懂得，社会稳定像政治稳定一样不可信赖；传统或因袭的体制也使人不可信赖，唯一值得信赖的就是自己，就是理性。

在西方，提起弗洛伊德，人们总喜欢把他与哥白尼、达尔文相提并论，认为他的精神分析学说具有与哥白尼的日心说和达尔文的进化论同样大的冲击力和巨大而深远的影响。不仅如此，弗洛伊德的性格和学说也受这两位的影响。哥白尼和达尔文追求真理的那种勇敢顽强的献身精神，深深地激励了弗洛伊德探索人的本质的勇气，弗洛伊德发誓要干出像哥白尼和达尔文那样惊天动地的事业来。他知道，要做到这一点，必须具有非凡的勇气，这种勇气不是敢于牺牲自己的生命、自由或财富，虽然这种勇气也很难得；而是要具有敢于孤独或孤立的勇气，要具有百折不挠的英雄气概。在这方面，"弗洛伊德的魄力达到了惊人的程度。他憎恨孤立，因为他深受其苦，但是他绝对不肯，甚至不想做出一点儿妥协以减缓孤立"[⑥]。

在学术上，弗洛伊德也受理性主义科学观的影响。首先是达尔文的进化论。达尔文认为，具有适应性的个别物种，通过无数次的传宗接代，把它们各自承袭下来的变异特性传

[⑥] 弗洛姆：《弗洛伊德的使命》，生活·读书·新知三联书店，1986年，第9页。

给了后代，而在生存斗争中不适应物种的，不断淘汰，最终也将产生出一种新的物种。而且，达尔文试图表明人类起源于某种类人猿的祖先，这种猿早已灭绝，但是它很可能是生存下来的类人猿和人类的共同祖先。进化理论的创立，使人们开始把人作为理性科学的研究对象，并相信，像一切认识的对象一样，人是有规律可循的，人的发展遵循客观规律。弗洛伊德在研究人的心理、生理活动过程中，总是按照这种因果决定论的观点，试图找出现象背后的本质和规律。而且他发现，人既然是从低等动物进化而来的，那么，也一定会不可避免地遗传有低等动物的某些本能和冲动，这促使他更进一步探讨一切原因背后的根本原因。其次是赫尔姆霍兹(Helmholtz)发现的能量守恒定律，这一发现把物理学的各个领域结合成有机整体，是一个能量不断转化的过程。弗洛伊德把这个定理应用到人的心理分析，认为自我、本我和超我是不断转化的，它们构成人格发展变化的动态系统。形成这个系统的能量他称之为心理能量，即"力比多"。他是今天称之为"动力心理学"(Dynamical Sychology)这个学科的创始人。

总之，理性主义传统赋予弗洛伊德追求真理的热望和勇气，也赋予他追求真理的动力和源泉，虽然人们把他的学说称为"非理性主义"，但他本人却是一个地地道道的理性主义者，具有传统的理性主义者所具有的那些非凡的品格和精神。没有这些非凡的品格和精神，是不可能创立非凡的理论学说的。

第二节　弗洛伊德与非理性主义传统

弗洛伊德追求科学的精神是理性的，但是，他创立的精神分析学说则是以非理性的"无意识"作为基础。那么，弗洛伊德的非理性思想是否也有根可寻、有据可查呢？答案是肯定的。西方的思想传统虽然总的说来是理性的，或者说，理性占着主导地位，但是，还有许多非理性的因素，或者说，非理性的思想作为非主流亦贯穿于西方传统思想之中。

最早把非理性的因素作为万事万物根本原因的人，按照目前的材料来看，在西方，当推古希腊思想家恩培多克勒（Empedocles，约公元前490—430年）。恩培多克勒认为万物由火、水、土、气四种元素组成，他称之为"四根"。但是，这四种元素的结合和分离则是由两种非理性的因素"爱"和"憎"所促成。"爱"使这四种元素组合起来，形成万事万物，"憎"则使这四种元素分开，使万事万物分解。

> 看看那到处都温暖光明的阳光，看看那浸沐在温暖光明中的不朽星辰，看看那到处都阴暗寒冷的雨水，看看那地下涌出的牢固结实的东西。这一切在"憎"的支配时形状不同，彼此分离；然而在"爱"中结为一体，互相眷恋。⑦
> 这"爱"和"憎"的竞争在人的肢体里是明显的。在一个时候，身体的一部分在生命洋溢的季节里由"爱"团聚成

---

⑦ 《西方哲学原著选读》，商务印书馆，1981年，第44页。

一个整体；在另一个时候，则由残酷的冲突把它们拆散，各自在生命的海那边踯躅。植物和住在水里的鱼，住在山上的野兽和展翅飞翔的鸟，全都是这样。⑧

弗洛伊德的"爱欲论"（Eros）也认为有两种互相对立的本能在相互作用。这两种对立的本能一方面使身体内部具有生长和发展、抵抗死亡的能力，他称之为"生的本能"；另一方面是一种保守、惰性的力，它要求回到事物的初始状态，它引向死亡，这是"死的本能"。生的本能与死的本能相互作用是生命的根本动力。它与恩培多克勒"爱"和"憎"的思想有异曲同工之妙。我们不能说弗洛伊德的"爱欲论"是恩培多克勒"爱""憎"说的翻版，但是，弗洛伊德的"爱欲论"可以在其中寻到思想根源。

柏拉图的"爱欲说"（Eros）对弗洛伊德有直接而又深刻的影响。弗洛伊德说："哲学家柏拉图使用的'爱欲'一词，从它的起源、作用与性爱的关系方面看，与'爱力'概念即精神分析的力比多概念是完全符合的。"并引用柏拉图《会饮篇》中的例子来论证自己的学说。具体的论述我们将在后续的正文中详细地阐述。

柏拉图在《斐多篇》（Phaedo）还讲了著名的"灵魂马车"的故事。柏拉图在这本书中讲到，苏格拉底专门讲了灵魂中两匹马的问题。他说驾车人驾驭的这两匹马，一匹驯良，一匹顽劣。在右边的那一匹长得很美，它爱好荣誉、谦

---

⑧ 《西方哲学原著选读》，商务印书馆，1981年，第43-44页。

虚和自制，要驾驭它无须乎鞭策，只要劝导就行；另外的那匹马却是又顽固又骄横，乱蹦乱跳不听使唤。当驭车人看到他所爱的对象时，整个灵魂充满了感情和欲望，那匹驯良的马知道羞耻不敢贸然行动，那匹顽劣的马却要带着它的主人去追求欢乐。直到驭车人来到所爱的美少年面前，回想起美的本性，能够自制，才拼命约束劣马，让它丢掉野性俯首帖耳地听命。这时候情人的灵魂才肃然起敬地去爱他所爱的人。柏拉图用这个比喻说明灵魂结构的观点，提出了"灵魂二度说"的思想，认为理性灵魂（rational soul）在脑内，含有智慧和清晰的观念，为最高主宰；理性的灵魂又一分为二，其高尚部分位于心脏，司高尚情操，如勇气、抱负等；其卑下部分位于横膈膜下，司原始情绪，为性欲和低级情欲的根源。二者均为理性所控制[9]。许多外国心理学家认为，弗洛伊德心理结构的三部图式（无意识——前意识——意识，本我——自我——超我）同柏拉图的三位一体说（一个驭者和两匹马）相近似，并直截了当地评价弗洛伊德的心理结构是神话结构[10]。

弗洛伊德还从亚里士多德那里吸取了许多论述梦的思想。亚里士多德在《论梦》中曾写道："无论如何，有学识的医师说，我们应密切注意梦……最擅长解释梦的人是能够看出相似性的人……就像水中的图像，梦可以受到同样的歪

---

[9] 参见张肖松编著《心理学史》，台湾巨流图书公司，1987年，第16页。
[10] 参见《国外心理学的发展与现状》，人民教育出版社，1982年，第120页。

曲。"⑪ 弗洛伊德关于梦的象征、歪曲等观点可以在亚里士多德这里找到渊源。

如果说古希腊是弗洛伊德思想的渊源，如黑格尔所说"一提到希腊这个名字，在有教养的欧洲人心中，尤其在我们德国人心中，就自然会引起家园之感"（《哲学史讲演录》卷一），那么，德国近代思想则是弗洛伊德思想的直接来源。

非理性的思想首先在德国近代大思想家莱布尼茨（G. W. Leibnitz, 1646—1716）那里有直接的表述。

莱布尼茨的"单子论"，把单子看作和灵魂一样的精神实体，因此也肯定每一个单子都有"知觉"和"欲望"。这种"知觉"的清楚或晦暗的程度不同，就造成了单子之间质的千差万别。而造成单子的这些变化发展，即一个知觉变化或过渡到另一个知觉的内在原则的活动，就是"欲望"。单子的知觉也有不同的程度，如通常认为无意识的那种无机物以至植物，其单子就只具有最不清楚的一些"微知觉"。莱布尼茨认识到在意识之外还具有"微知觉"的无意识的观点是近代心理学的一个大进步。它对弗洛伊德的思想具有较大的影响，弗洛伊德关于无意识的思想从中找到了直接的理论来源，甚至有些表述和用词上也直接继承了莱布尼茨。

从心理学上看，从莱布尼茨到弗洛伊德有一个桥梁，这就是德国著名的心理学家赫尔巴特（Johnn Fridich Herbart,

---

⑪ *Historical Introduction to Modern Psychology*, New York, 1972, p. 271.

1776—1841)。赫尔巴特认为,各种观念(vorstellung)在性质上是不变的,但是却有强度或势力(kraft)上的变异。观念都是活动的,"观念的每一运动都限于两个定点之间,即其完全受制止的状态和完全自由的状态";而"无论何种观念都自然而然地,不断地努力以求复得其完全自由的状态(即压力的消灭)"[12]。但是观念决不因抑制而完全消失。观念受到对抗时,只是做必要的"退让",减弱其强度或清晰性,由一种现实的状态,退为一种趋避的状态。因此受压抑的观念仍可存在,但是是作为一种趋势而存在的。由此,赫尔巴特演绎出一个意识阈的概念。他说:"一个概念若要由一个完全被抑制的状态进入一个现实观念的状态,便须跨过一道界线,这些界线便是意识阈。"[13]那些强有力的观念存在于阈限之上,成为意识的;而本质微弱或因受抑制而变为微弱的观念,则可能被贬入阈限之下,所以为无意识的。

　　赫尔巴特关于无意识与意识等差的观念,关于心理活动冲突、排斥和复合的观念,对弗洛伊德的思想都有明显的影响。对此,波兰心理学家勒·卡尔宾斯卡早就指出过。因此,美国心理学家波林(E. G. Boring)说:"赫尔巴特可视为从莱布尼茨到弗洛伊德发展路线上的一个动力心理学家。"[14]

　　对弗洛伊德心理学影响最大的恐怕莫过于德国现代

---

[12] *A History of Experimental Psychology*, New York, 1950, p. 255.

[13] *A History of Experimental Psychology*, New York, 1950, p. 256.

[14] *A History of Experimental Psychology*, p. 255.

实验心理学的先驱，德国心理物理学的创始人费希纳（G. T. Fechner, 1801—1887）。弗洛伊德在《自传》中说："我一直乐于接受费希纳的思想，在许多重要观点上信奉这位思想家。"[15] 费希纳对弗洛伊德的影响，他在《自传》《梦的解析》《诙谐及其与无意识的关系》《超越快乐原则》等书中均直言不讳地讲到过。在《梦的解析》中，弗洛伊德说："在本学科文献中发现的所有与梦理论有关的资料中，我们强调有一点是特别值得提及的。著名实验心理学家费希纳在论述梦的性质时做了一个推测：**梦上演在清醒概念之外的地方。只有这一假定能使我们理解梦生活的特殊性质。**"[16] 在《超越快乐原则》一书中，弗洛伊德写道："我们不能对这样一个事实视而不见，那就是一个具有深刻洞察力的研究者费希纳关于愉快和不愉快问题所持的观点在一切主要方面均与精神分析研究迫使我们相信的观点一致。"[17] "其实，常性原则（das Konstanzprinzip）是从那些迫使我们采纳唯乐原则的事实中推论出来的。况且，一种更详细的讨论还将表明，我们认为，由心理器官产生的这种倾向也可作为费希纳的'寻求稳定性倾向'原则（das Prinzip der Tendenz zur Stabilität）的一个特例。他已将愉快的情感和不愉快的情感同这个原则联系起来了。"[18]

被弗洛伊德提到，与他的精神分析有相通之处的还有德

---

[15] *An Autobiographical Study*, p. 109.
[16] *Studienausgabe*, Band II, s. 512.
[17] *Studienausgabe*, Band III, s. 218.
[18] *Studienausgabe*, Band III, s. 219.

国哲学家叔本华（A. S. Schopenhauer, 1788—1860）。弗洛伊德在《自传》中说："精神分析与叔本华哲学思想在很大程度上的偶合——他不仅宣称情绪的支配作用和性欲的极端重要性，甚至也意识到了压抑的机制——不应该归结为是由于我熟悉他的学说，读叔本华的著作在我一生中已经是很晚的事情了。"[19] 在《心理分析的困难之一》一文中，弗洛伊德写道："大概很少有人意识到了承认无意识的思维活动过程对科学和生活的重大意义。我们得赶快补充一句，并不是心理分析学说迈出了这第一步。在它之前，很多著名哲学家就这样做了，我们可以举出这些名人的名字来。首先，伟大的思想家叔本华提出了无意识的意志，相当于心理分析学所说的头脑里的本能。正是这位思想家以令人难以忘怀的犀利的话语告诫人类，虽然他们的性欲望仍被贬低，了解性欲望却十分重要。"[20]

弗洛伊德在《自传》中还提到尼采（F. W. Nietzsche, 1844—1900）。他说，哲学家尼采的"一些猜测和直觉，常常惊人地与精神分析的艰苦研究的成果相一致"[21]。

由此可见，弗洛伊德的非理性主义思想并非凭空的臆造，空穴来风，而是具有极深的思想渊源，它是思想发展史的必然结果，是时代的必然产物。

---

[19] *An Autobiographical Study*, p. 110.
[20] *Standard Edition*, vol. 17, p. 143.
[21] *An Autobiographical Study*, p. 110.

第三节　弗洛伊德与他的时代

弗洛伊德所处的时代正是世纪之交,我们知道,十九世纪末至二十世纪初是资本主义进入帝国主义的时代。弗洛伊德主要生活和工作在奥匈帝国的首都维也纳,它既是欧洲最著名的文化中心之一,又是欧洲资本主义帝国主义的重要橱窗之一。

从经济上看,当时的奥匈帝国有比较大的发展。农业上,国家出面采取行动,经过多次试验以后,1883年通过了合并法,以利于农业土地的归并,消除了耕地中的混乱状况,农民省时又省力,有目的地使用机器就有了可能。此外还进行了农业技术的改良,谷物轮种制继续推行,购置了机器,经营转到最有前途的生产上,经济状况得到了改善,旅游业也兴旺起来。

但是农民并不安于农村的土地,到城市去找工作,就其本身来说,是奥地利和欧洲历史上几乎每个世纪都有的一种现象,在高度工业化的时代,范围自然更有所扩大。与从前的人口流动不同,统计数字表明,农村区镇的数目减少了,区镇里的人口数目降低了。脱离农村的现象对山区农民的影响极为明显。没有希望继承财产的农家子弟,还有仆役和使女都渴望到城市里去,那里找工作不受季节的限制,自由比较多,娱乐比较廉价,而且经常需要劳动力。但是并不是每个人都能找到比较满意的工作,更多的人则是怀抱希望地彷徨、苦闷。

工业上，令人眼花缭乱的发展备受世界瞩目。生产和资本大量地集中，大企业增加50%以上，垄断组织卡特尔（cartel）就有200多个，银行资本集中也很显著，深入了工业部门的各个角落。整个国家的大工业尽管受到过种种挫折和危机，但总的来说呈现出一派令人印象深刻的兴旺发达景象。

但是，大工业胜利带来的结果是，大资本几乎无处不获胜，而倒霉的却是沦入贫困的中小企业，这些企业求生存的斗争日益尖锐化，他们每时每刻都在担心自己的企业会发生倒闭。小商人的地位比手工业者的地位更加可虑，许多维也纳和外省城市的"小杂货商"对于局势已不能应付裕如。弗洛伊德的家庭就是其中之一。

尤其是1871—1873年，德国和奥地利经济虚假繁荣之期，那时滥设基础不稳忽起忽落的公司之风甚炽，其特点在于，不仅仅是一些暴发户的不学无术和毫无风格，再加上以其发来的横财来显示豪华气派的做法，他们过着骄奢淫逸的生活。

从政治上来讲，奥匈帝国民族压迫和阶级压迫互相交织，广大人民遭受封建的、资本主义的和民族的三重压迫，哈布斯堡王朝对民族实行高压政策，奥匈帝国简直是一个民族监狱。资产阶级和劳动人民大众同封建专制势力之间的矛盾，以及被压迫民族反哈布斯堡王朝的斗争进一步激化。

1882年时，塔弗内阁（1879—1893）才对选举权的民主化略有贡献，那时税赋限制（即选民的最低限度纳税能力）从十盾降至五盾，于是一部分农民和小资产阶级就得到了选举权。1893年7月，社会民主党举行争取选举权的大会，塔弗在帝国代表会议上提出一个议案，这提案虽然没有带来普遍、平等和直选的选举权，但是在城乡选区内实行的选举团选举权的范围内，选举权扩及一切国家公民。为了反对这个提案，执行派与封建派及自由反对派结合了起来，选举案没有通过，政府也就跟着垮台。塔弗政府推行的一种零星的策略性让步政策，被人恶意地称之为"依旧笨拙地蛮干"。后来发生的就是二十多年的奥地利政治危机，这些危机后来汇合于世界的大浩劫之中。

在这种民族斗争和阶级斗争日益尖锐，长年动乱的情况下，人们精神沮丧，惶惶不可终日，致使神经症和精神病的发病率日益增高。作为治疗神经症的一种理论、方法和技术的弗洛伊德精神分析，正是适应这一迫切的社会需要而产生的。

其次，精神分析是弗洛伊德企图解决犹太人家长制和维多利亚式性道德压抑而造成的社会病态现象迫切需要的产物。

当时的奥地利，特别是维也纳，在文化上仍然是维多利亚女王时代陈腐伪善的道德和华而不实的作风占统治地位。本来，资本主义极力宣扬自由、民主、平等、博爱，反对禁欲主义，要求婚姻自由。但是，由于维多利亚文风的浸淫，在男女两性关系上仍然极度保守，完全否认妇女在性方面也有和男人一样的性需求和权利。这样，在人们的精神生活中，除了高度的专制、严厉的天主教统治的束缚外，还有封建残余影响的禁锢，主要表现在维多利亚时代的遗风和犹太家长制的统治。在历史上,犹太人曾三次被逐出维也纳,十九世纪末,随着工商业的发展,犹太人又返回维也纳,尤其是弗兰茨·约瑟夫时代,犹太人有了绝对的增长;第一次世界大战时,犹太人的比重约为百分之九,而战争期间,由于难民增多而暂时又继续增长。在维也纳的经济和文化生活中,犹太人,尤其是作为医生、商人、律师、作家、新闻工作者,起了相当重要的作用。但是在家长式统治的犹太人社会里,宗教气氛非常浓厚,社会禁忌十分严格,特别是两性关系的禁忌更甚,性本能受到严重压抑,造成人们精神上的巨大创伤和充满矛盾的心理结构,以致犹太人家庭中精神症和精神病的发病率日益增多起来。弗洛伊德精神分析也正是为了解决这一迫切的社会问题而产生的。正如美国心理学家尼尔所说,弗洛伊德的病人中,"许多是在当时犹太人家长制的典型家庭里长大成人的,他们生活在奥地利帝国的高度专制和严厉的天主教徒社会里。在这种维多利亚式的严峻道德范围内,许多人患着某种形式的性困扰的疾病,因为性生活是社会戒律的主要领域之一,因此也是个人内部冲突的主要方面。这种维多利亚式中间的奥地利——犹太文化不仅形成了弗洛伊德病人的人格,而且也形成了弗洛伊德本人"。

第三,战争对弗洛伊德也具有极大的影响。弗洛伊德目睹了意奥战争、普法战争、巴黎公社革命、美西战争、日俄战争和第一次世界大战。他的一生就是在战争频繁、充满血腥、恐怖的环境中度过的。

意奥战争发生于 1895 年 4 月,奥地利与意大利和法国作战。当时的兵役令规定，适龄男子都要服兵役，这样，弗洛伊德的两个哥哥和父亲就得入伍。由于犹太人在军中所受的歧视，弗洛伊德的父亲决定逃避兵役，从奥匈帝国的摩拉维亚逃到德意志的萨克森。这次迁居给年幼的弗洛伊德留下了痛苦和恐怖的印象。

普奥战争爆发于 1866 年。当时的德国铁血宰相俾斯麦（Otto. Bismarck, 1815—1898），不断地向周边邻国发动战争。1866 年，普鲁士与奥地利在萨尔瓦多战役中一决胜负，普鲁士取得了巨大的胜利。四年后，俾斯麦又与法国交战，这就是著名的普法战争，普鲁士在色当战败法国，俘获拿破仑三世，并从法国割地和获得赔款。这一战役死伤无数，十万法军投降。

这几场战争是弗洛伊德在少年时代亲眼看见的，对他的心灵有极大的震撼。当时弗洛伊德还想成为将军，以求通过快捷方式出人头地。但是当他 23 岁参军一年之后，他的兴趣很快从行动变成理论的了。

弗洛伊德成年时经历了 1898 年爆发的美西战争，1904 年至 1905 年的日俄战争，特别是 1914 年至 1918 年的第一次世界大战，这场大战造成了极大的人力、物力和财力的损失，更为严重的是，对人们的精神造成了极大的伤害。美国著名历史学家爱德华·麦克诺尔·伯恩斯（Edward McNall Burns）和菲利普·李·拉尔夫（Philip Lee Ralph）在他们所著的《世界文明史》（*World Civilizations, their history and their culture*）一书中对这场大战评论说：

1914年爆发的这场战争是历史上最不寻常的战争之一。虽然它并不是真正的"第一次世界大战"——因为七年战争和拿破仑战争也是世界性规模的冲突——但是这次战争的影响远远超过了这两次战争。它很快地变成一场"人民战争",公民和士兵们一起站在战壕里并肩作战,下定决心消灭敌人。其后果是导致革命像流行病似的蔓延开来,和为以后新的、更为狠毒的冲突撒下了种子。它就这样地为一个暴力时代树立了榜样,并在二十世纪的大部分时间不断地持续下去。更为不寻常的是,第一次世界大战标志着一个长时期的和平时代的结束。[22]

残酷的战争本来就使人们心灵受到极大的伤害,更何况奥地利作为战败国,人们的心情更是沮丧。其直接后果便是数以万计的人受到巨大的精神创伤,从而导致精神病发病率的猛增。

这样残酷的屠杀和疯狂的破坏给弗洛伊德极大的震动,他下决心寻求这种社会病毒的根本原因。在早期的理论中,弗洛伊德把本能分为自我本能和性本能两类。这场战争改变了弗洛伊德的观点,他认为,人的本性中有某种侵略本能或自我毁灭的本能,也就是死的本能。因此,他将前期理论改为具有两极性的生的本能和死的本能学说。

第四,弗洛伊德正好处在"科学的全盛时期"[23],深受

---

[22] *World Civilizations*, New York, 1974, p. 1017.
[23] *World Civilizations*, New York, 1974, p. 960.

科学研究之风的熏陶和影响。同以往所有的时期相比，1830年至1914年这段时期标志着科学发展的顶峰。这段时期科学上取得的成就，不但在数量上要比以往多，而且这些成就对隐藏在物质内部的奥秘做了更为深入的探索。不但原有的各个学科都获得了长足的发展，而且在原有学科的名单上又增加了十多项新的科目。这个时期科学上异乎寻常的发展是由多方面的因素造成的。在某种程度上说，那是由于第一次产业革命的刺激，由于日益高涨的生活水平，同时也由于追求舒适愉快的生活欲望。所以，这个时期发展最快的是生物学和医学。生物学的显著成就是发展了器官进化学说的新解释。法国博物学家让·拉马克（1774—1829）在1809年发表了著名的关于器官获得性状的遗传的拉马克学说的基本原理。1859年达尔文的生物进化论又将进化理论推向了科学高峰。随后，德国的魏斯曼（1834—1914）、荷兰的德弗里斯（1848—1935）、奥地利的门德尔（1822—1884）又将达尔文的学说加以发挥和完善。

继器官进化学说的阐述和论证之后，生物学方面最重要的成果大概就是细胞学说的发展了。1830年前后，德国生物学家特奥多尔·施万（1810—1882）指出，不仅植物，而且动物也是由细胞组成的。他还指出，所有生物，除了最简单的以外，都是通过这些最微小的组织单位的分裂和增殖过程生长并成熟起来的。几年以后，又有这样的发现：所有的细胞基本上都是由同样的混合体组成的，雨果·冯·摩尔（1805—1872）称之为细胞质。这一时期，生物学的另一项重要成就是胚胎学的发展。在德国受教育的俄国生物学家卡尔·恩斯特·冯·贝尔（1792—1876）是现代胚胎科学之父。在1830年前后，他提出了胚胎学上著名的"贝尔法则"。这一法则之后又被恩斯特·海克尔（1834—1919）加以发展。法则提出各个胚胎在发育过程中重演或再造各自所属的生命史的多个重要阶段。

大约在1865年，路易·巴斯德（1822—1895）对生物自然发生理论进行了划时代的批驳，并从此奠定了微生物科学的基础。巴斯德成功地使科学界信服：一切现有的生命形式，不管它如何微小，都是由生物再造的。这就是他著名的"生源论"。

然而，在这一时期，医学的进步比生物学的成就更引人注目。1796年，爱德华·詹纳发现了天花疫苗。更为伟大的是，1842年，美国佐治亚的外科医生克劳福德·W·朗开始用乙醚做麻醉手术，其后，波士顿的牙医威廉·T·C·莫顿正式将其制成麻醉剂，从而成为现代医学发展的里程碑。它不仅使病人减轻了痛苦，而且使医生从容不迫，从而带来了更多手术的成功。1847年，匈牙利医师伊格纳兹·塞麦尔维斯在手术中开始使用消毒剂；1865年左右，英国人约瑟夫·李斯特将之推广到外科手术的整个领域。

十九世纪下半叶，医学进步最重大的事件无疑就是病源微生物学说。这个学说的创始人就是路易·巴斯德和罗伯特·科赫。他们通过一系列的科学实验证明并使人们相信，微生物是疾病的原因而不是疾病的结果，从而使人们在治疗上不至于头痛医头，脚痛医脚，而是采取治本的方法发掘病源，从而征服它。微生物学说被人们所接受后，医学上的成就就以突飞猛进的速度发展。1885年，巴斯德发明了治疗狂犬病患者的医术；1882—1883年，科赫发现了肺结核和亚洲霍乱弧菌；1892年埃米尔·冯·贝林制作了白喉抗菌素；1905年，邵丁和霍夫曼特梅毒病菌被分离出来；1910年，保罗·欧利希和秦佐八郎发明了"六〇六"（砷凡纳明）新药，对梅毒具有特殊疗效；其后，奥地利病理学家尤里乌斯·瓦格纳-姚雷格（1857—1940）发现，疟疾或其他因素引起的高烧在推迟诸如脑梅毒和麻痹性痴呆等病症向后期发展方向，具有显著的效果。

在自然科学方面，可以很有把握地说，自从哥白尼时代以来，弗洛伊德所处的这个时代，自然科学中出现的剧烈变革的次数之多超过了以往任何时期。的确，在这一时期内，有那么多的自古以来就形成的科学概念受到严峻的挑战，甚至于被推翻，以致人类发生了这样的怀疑：以往是否有过这样的时期？

1810年，英国中学教师约翰·道尔顿重新发现了物质的原子学说。1847年，赫尔穆霍兹系统地提出了力的守恒原理，1851年又提出能量守恒原理。其后，开尔文勋爵又对之加以系统解释。这些发现在影响天文学家和某些哲学家做出推断方面如此富有成果，尚属少见。

光、电、能的一些旧学说在某种程度上进行了广泛的修改。1865年，克拉克·麦克斯韦（1831—1879）表明，光的运动看上去与电磁波完全相同。1895年，威廉·冯·伦琴发现了X射线。1896年，贝克勒尔发现了铀的放射性。1898年，居里夫人又发现了元素镭。1903年，拉瑟福德和索迪一起提出了原子自然蜕变理论。这些理论证明，光、电、X射线以及其他形式的能量基本上是同一的。

从这一结论出发，相对地说，物质概念做了根本性的修改，1892年，费伦茨提出，原子不是不可分的，它本身是由更小的带电单位构成的。1910年，拉瑟福德和玻尔又提出了原子结构的行星模型图，证实了费伦茨的观点。

社会科学在这一时期也有相当大的发展，很多学科都分门别类地独立出来。在这些学科中，首先应提及的是社会学。社会学是由奥古斯特·孔德（1798—1857）创立的，赫伯特·斯宾塞（1820—1903）将其发扬光大。接着是人类学的创立，这门科学主要讨论人体的进化，现有人类体型的研究，以及对史前文化和原始社会制度和习俗的调查。1870年前后，德国的威廉·冯特（1832—1920）创立了心理学，使之从哲学中独立出来。到了十九世纪九十年代，俄国的巴甫洛夫（1849—1936）使心理学获得了重大的进展。巴甫洛夫发现，条件反射是人类行为中的重要因素，从而鼓励心理学家把心理实验作为一把了解人类思维的钥匙。

由此可见，弗洛伊德所处的时代是个科学昌明的时代，是个破旧立新的时代。在这个时代的熏陶下，弗洛伊德热衷于科学，勇于向旧的传统挑战，并最终提出了他的惊世骇俗的理论。

第四节　弗洛伊德与他的父母

　　家庭是决定一个人成长的关键因素，父母对孩子的影响不仅是遗传方面的，更重要的是教化方面的。精神分析学说非常重视孩子与父母之间的关系。现在让我们看看弗洛伊德与他父母之间的关系如何，对于他日后成为一个伟大的思想家，他们起了什么样的作用。

　　弗洛伊德非常强调儿子与母亲之间的关系，但是他本人向我们提供的他自己与母亲之间的关系的材料却非常少。在《梦的解析》一书中，他分析了自己的三十多节梦的片段，其中涉及他母亲的梦却只有两节。弗洛伊德是个多梦的人，根据他与母亲的关系，我们猜想，他必定做了许多关于母亲的梦，可是他却秘而不宣。从《梦的解析》中对梦的分析，我们来看看他与母亲的关系：

　　我走进厨房想找点布丁。有三个女人站在那里，其中一个是女主人，她正用手揉着东西，仿佛是在做苹果布丁，她回答说我得等会儿直到她做完（这句话在梦中不太清楚）。我渐渐不耐烦了，并挑衅似的走开了。我想穿上大衣，但第一件穿上去太长了，我脱掉它并惊奇地发现它镶有毛皮。第二件大衣上绣有土耳其式的图案，一个长脸带短胡子的陌生人走过来不让我穿它，并说这是他的。我告诉他这件大衣上边绣着土耳其式的花纹。他说："土耳其（图案、布条……）与你何干？"但不久我们就变得相当友好了。[24]

弗洛伊德本人对这个梦有自己的分析,不过我们不能听信他自己的一面之词。根据另一位精神分析大师弗洛姆的分析,这个梦体现了弗洛伊德母子之间的关系。弗洛姆认为,希望母亲给东西吃的愿望(梦中的三个女人可能都代表母亲),就是希望养育、照料。这个梦的独特因素就是做梦人的不耐烦,他受不得一点儿委曲,哪怕是自己的小小愿望被稍稍延搁一下也不行,他要穿上一件镶有毛皮的外套赌气地走开——而这件外套还是属于别人的。弗洛姆分析说:"我们在这个梦中看到一个受母亲宠爱的孩子的典型反应;他硬要母亲给他吃的('给吃的'可以象征地理解为'照料、爱、保护、赞许'等),没有立刻给他吃的,他就不耐烦、暴躁起来,因为他认为他有权得到立即的和完全的注意。他生气地走了,去侵占高大男人——父亲的地位(陌生人的长外套所象征)。"[25] 由这个梦我们可以看到,弗洛伊德的母亲对他非常宠爱。

弗洛伊德的另一个梦表现了他对母亲的深深依恋:

我心爱的母亲带着特别的平静、安睡的面容被两个(或三个)长着鸟嘴的人抬进房间被放在床上。[26]

---

[24] *Studienausgabe*, Band II, s. s. 214-215.
[25] 弗洛姆:《弗洛伊德的使命》,生活·读书·新知三联书店,1986年,第13页。
[26] *Studienausgabe*, Band II, s. s. 554-555.

弗洛伊德在描述这节梦时说道："从我个人来说，几十年来未做过真正的焦虑梦，但是我能想起七、八岁时做过的一个梦，只是在三十年后才对它加以解释。"做这个梦时，他"哭着喊着醒来，并打断了双亲的睡眠"。弗洛伊德对梦见他母亲之死如此害怕，以致在三十年后回忆起来仍心有余悸，认为这是他平生最为惊悸的梦，由此可见，他对他母亲有着深深的爱和深深的依恋。

弗洛伊德母子之间的相互依恋，在实际生活中我们也可以看到。在前面叙述弗洛伊德的生平时我们就可以看到，弗洛伊德由于讨厌钢琴的"噪音"，不顾弟妹们的反对，坚决要求搬走钢琴，而他的母亲竟然同意了，以致阻止了他们家庭的音乐教育。弗洛伊德对他的母亲也深深地依恋。为了事业，他几乎不浪费任何时间，甚至很少时间陪伴他的妻子，"但是，他每星期日早晨都去看他的母亲，并请母亲去他那里用晚餐，一直到老都是如此"[27]。

母亲对儿子的宠爱和儿子对母亲的依恋，至少给弗洛伊德两方面的影响，其一如他自己所说："一个无可置疑地深受母亲宠爱的人会终身保持有利者的感觉，保持经常导致真正成功的成功信念。"[28] 弗洛伊德的事业几经挫折，但是始终具有坚定的自信心，这与他的母亲不无关系。琼斯也曾谈到过这样的意见："这种自信心是弗洛伊德的突出性格特征

---

[27] 弗洛姆：《弗洛伊德的使命》，生活·读书·新知三联书店，1986年，第15页。

[28] The Life and Work of Sigmund Freud, vol. 1, p. 5.

之一，它几乎没有受到任何损害，这是因为弗洛伊德无疑正确地看到它以母亲之爱作保障。"㉙ 其二是对他学术的影响。弗洛伊德认为，由于婴儿时代和童年早期环境状况，每个孩子都渴望与自己异性的父亲或母亲身上满足性欲，而怨恨与他同性的父亲或母亲，弗洛伊德称之为"俄狄浦斯情结"。弗洛伊德把对母亲的依恋用一种文饰作用解释为是由于儿童受他最熟悉的女人的性的吸引。弗洛伊德的这种恋母恨父和恋父恨母的观点无疑受到童年时期父母对他的态度的影响。在下面我们还将证实这一点。

弗洛伊德和父亲的关系恰好与他和母亲的关系相反。父亲虽然不无缘无故地斥责他，但是并不像母亲那样溺爱和偏袒他。即便是如此，也招致了他对父亲的不满以至于怨恨。据琼斯在他的《西格蒙德·弗洛伊德的生活和事业》（卷一，第7页）记载，弗洛伊德两岁时仍在尿床，他的母亲不以为然，而他的父亲训斥了他。这个两岁的孩子当时反唇相讥说："别担心，爸爸，我将来到纽迪塞因（Neutitschein）（弗洛伊德家所在地区的主要市镇）给你买一条新的漂亮的红床褥。"㉚ 这里我们可以看到弗洛伊德的性格特征：非常自信、难以接受批评、反抗父权，以致要取而代之（参看前面关于镶皮毛的土耳其外衣的梦）。在《梦的解析》里，弗洛伊德还讲述了一件难以忘怀的事情：

㉙ *The Life and Work of Sigmund Freud*, vol. 1, p. 5.
㉚ 关于这一点的叙述还可以参见 *Studienausgabe*, Band II, s. 225.

在我七八岁时，出现了我仍清楚记得的另一件家庭事件。一天傍晚，在上床前，我不听话地硬要同父母一起睡在他们的卧室中。父亲责骂了我，并说了这样的一句话："这样的男孩将来决没有什么出息。"这一定是对我的雄心的可怕的打击，因为这一幕情景，一而再，再而三地出现在我的梦中，而且总是与我的许多成绩和成功联系在一起，好像我打算说："你看，我还是有出息的！"㉛

大人在气头上说的这么一句话，竟使弗洛伊德终生耿耿于怀。不仅如此，弗洛伊德还施行心理报复，极度地看不起他的父亲。在第一章我们已经看到他在《自传》中对父亲的贬斥——"从而纠正了我父亲高尚而毫无远见的想法"，在这里我们再引一段他在《梦的解析》里对他父亲的不满和看不起：

在我十岁或十二岁时，我的父亲开始带我一起散步并在谈话中表达出他对世事的观点。例如他曾告诉过我下面这件事以便让我明白我们的童年比他更为幸福。"年轻时有一个周末我穿着整齐并戴着一顶新皮帽在你出生的村庄的小道上散步。迎面来了一个基督徒，他把我的帽子扔到泥里并喊道：'犹太人，从道上滚开！''那你怎么办了？'——'我走到路边，拾起帽子。'他平静

㉛ *Studienausgabe*, Band II, s. 225.

地回答。"这对于用手牵着我这个小男孩的高大、强壮的男人来说似乎并不是光彩的一页。我把这个令我不快的情景与感觉上更为融洽的另一情景相对照：汉尼拔的父亲汉米尔卡·巴卡斯 (Hamilkar Barkas) 让其未成年的儿子在祖坛前发誓向罗马复仇。从那时起，汉尼拔便在我的幻想中占据着一个位置。[32]

如果说弗洛伊德对其母亲是依恋，那么，对其父亲则是反叛，并总想取而代之。这一影响也是双重的：一方面形成了弗洛伊德的反叛性格，使他不和媚同俗。一般都认为弗洛伊德是个反叛者，他公然反抗舆论和医学权威，没有这种反抗精神，他绝不可能在朋友甚至因害怕受连累而与他决裂的情况下坚持公开宣传关于无意识、婴儿期的性欲等观点。但是正如弗洛姆所说，他也只是个反叛者，而不是个革命者。也就是说，他反叛权威的目的是为了使自己成为权威，而一旦人们开始反叛他的权威时，他就受不了，他就会固执己见，尽管他的学说有许多缺陷，但是他容不得别人的批评。另一方面，这一反抗权威并取代权威的思想反映在他的学说上。我们前面提到"俄狄浦斯情结"，俄狄浦斯杀父娶母，弗洛伊德对父亲的态度可以说是这一思想的根源之一。此外，弗洛伊德在论述人类历史早期结构的著作《图腾与崇拜》中，也让嫉妒的儿子杀死了原初的父亲，把他恋母恨父意识扩大到社会学。

---

[32] *Studienausgabe*, Band II, s. 208.

第三章 过失心理学

第一节 过失是有意义的

在日常生活中,我们常常经历或看到这样的事情,想说一句话,却用错了词;写文章时,用错了字;读书念了别字;听觉本来没有问题,可是听错了人家说的话;出门忘了带钥匙;就在嘴边上的名字却叫不出来;一件物品就在手边,却怎么也找不到。所有这些事情都没有重要的意义,我们或浑然无觉,或一笑了之,顶多不过是烦恼一阵。这些事情"多半是暂时的、不重要的,而在生活上没有重大意义的动作"①,它们引不起多大的注意,更不用说对它们发生多大兴趣了。

但是弗洛伊德认为,这些小小的动作却具有极深的心理意义,他把这些动作统称为"过失"(die Fehlleistungen),并将它们分为三类进行研究:第一类,舌误(Versprechen),笔误(Verschreiben),读误(Verlesen);第二类,遗忘

---

① *Studienausgabe*, Band I, s. 51.

(Vergessen); 第三类, 误置 (Verlegen)。

在弗洛伊德之前的心理学家对这些过失也有些研究, 他们主要是从身体机能方面来挖掘过失的原因。他们认为, 导致这些过失的原因是:

1. 疲倦或不舒服, 机能的失调引起注意力不集中;
2. 兴奋, 沉浸在内心状态而忘乎所以;
3. 注意集中在其他的事情上, 以致心不在焉。弗洛伊德将这种理论称为"分心说"(die Theorie der Aufmerksamkeit-ensentziehung)。这种"分心说"的解释都是我们日常容易接受的, 或者说愿意接受的。

但是, 弗洛伊德认为, 这些理由是不充分的。一个过失偶然地、暂时地出现一次, 你可以说它是分心的结果。但是, 如果一个过失反复地出现, 那又做何解释呢? 比如, 一个人暂时忘记了某人的姓名, 非常懊恼, 他情不自禁地努力回忆, 把全部的注意力都集中在搜寻这一名字上面, 可就是想不起来。可见, 这种过失并不是分心的结果。又如, 一个人第一次忘记了约会。第二次, 他特别努力记住要去约会, 可又发现记错了日期和钟点, 可见, 这不是用生理机能的不适如疲倦或兴奋所解释得了的。

由此可见, 这些过失的特点, 不是这种从生理机能方面挖掘原因的"分心说"所解释得了的。这种"分心说"不一定是错误的, 但至少是不充分的。

除了这种众所周知的"分心说"之外, 也有人从其他的角度研究过失, 比如语言学家梅林格 (Meringer) 和精神病学家迈耶 (Mayer), 他们在1895年曾设法从语言学的角度来研究舌误的问题。他们将舌误分为 5 种：

1. 倒置（Vertauschungen），包括字及音节、字母的倒置，比如，把"黄狗的主人"说成"主人的黄狗"。

2. 预现（Vorklänge），例如，将 Es war mirauf der Brust so schwer（我感到气闷），说成了 Es war mir auf Schwest，将 Brust 和 schwer 合在一起说了，并且将 schwer 的词头 schw 放在了 Brust 的词尾 st 的前面，即，使后面的词预先出现在前面，而导致了舌误。举一个显而易见、明白易懂的例子就是：一个旅馆的茶房，敲着客人的房门，客人问是谁敲门，茶房一慌，说："小人，是客官送茶来了。"他本想说："客官，是小人送茶来了。"可是由于慌张，竟将后面的"小人"放到了"客官"的前面。

3. 语言持续（Nachklänge），即前面说出的音节干涉了后面要说出的字。如：Ich fordere Sieauf, auf das Wohl unseres Ches anzustoßen［诸位，请大家干杯（anzustoßen）以祝我们领袖的健康］，可是，由于受到前面两个 auf 的影响，却将"干杯"（anzustoßen）说成了"打嗝"（aufzustoßen），这句话变成：Ich fordere Sie auf, auf das Wohl unseres Ches aufzustoßen（诸位，请大家打嗝以祝我们领袖的健康）。

4. 混合（生造的词组）（Vermengungen［Kontamination-en］），将两个毫不相干的字合在一起，组成一个生造的词组。比如，一个男子想送一个女子回家，于是对她说：Wenn Sie gestatten, mein Fräulein, möchte Ich Sie gerne begleitdigen（小姐，如果您允许的话，可否让我送您一程），可是这位男子不知怎么鬼迷心窍，竟将 begleitdigen 混合在一起，说成了 beleidigen（侮辱），说成了：小姐，如果您允许的话，可否让我侮辱您一程？

5. 替代（Ersttzungen），即将一个词用另一个词加以替换。如 Ich gebe diePräparate in den Brütkasten（我把标本放在保温箱中），把保温箱 Brütkasten 说成了 Briefkasten（邮筒），无意中用 Brief 替换了 Brüt。

默林格和迈耶认为，由于单字的音值不同，较高的音值影响较低的音值，以致导致了舌误。由上面他们所列举的类型看来，他们主要研究的是不常见的"预现"和"语音持续"，如果仅就这两类而言，他们的结论有些说服力，但是，我们最常见而又最普通的舌误却不是这两类，更多的则是把要说的话说反了，这说反了的词可不是由于音的类同而混合的结果。也有人认为，字的类同导致了心理的联想，说话时，把两个类同的字搞混了。但是，弗洛伊德认为，诚然，"文字间的类同和音值必须注意，字的联想也必须加以重视，但是，这还不够，要想完满地研究舌误，就必须将前面所说过或所想过的语句一并研究"[②]。也就是说，必须在语境中研究舌误。

而且，从上面的"分心说"和"语言说"看来，他们的研究有一个极大的重要误区，那就是，他们只是千方百计地研究引起舌误的普通条件，却忽视了舌误的结果。弗洛伊德认为，舌误的结果才是最需要研究的东西，也是最值得研究

---

② *Studienausgabe*, Band I, s. 58.

的东西：

> 舌误的结果一经研究，便会发现，有些舌误本身都有意义。这就是说，舌误的结果本身可被看作是一种有目的的心理过程，是一种有内容、有意义的表示。以前我们只谈错误或过失，现在看来，似乎这种过失也是一种正当的动作，只是它突然闯来，代替了那些更为人们所期待的动作而已。③

事实上，过失之具有意义早为人们所注意到，这就是作家常利用舌误及其他过失作为艺术表现的工具。最典型的莫过于席勒和莎士比亚。

席勒在其名剧《华伦斯坦》(Wallenstein)（皮柯洛米尼，第一幕，第五场）中就有这样的一个例子。在前一幕中，少年皮柯洛米尼(Piccolomini)送华伦斯坦美丽的女儿回营塞里，所以热心拥护华伦斯坦公爵而力主和平。他退出后，他的父亲奥克塔维奥(Octavio)和朝臣奎斯登贝格(Qestenberg)不禁大惊，在第五场中有这样的一段对话：

奎斯登贝格：啊，难道就这样吗？朋友，我们就让他受骗吗？我们就让他离开我们，不叫他回来，不在此时此地打开他的眼睛吗？
奥克塔维奥：（由沉思中振作起来）他已经打开我的眼

---

③ *Studienausgabe*, Band I, s. 58.

晴了,我都看清楚了。

奎斯登贝格:看见什么呢?

奥斯塔维奥:这该死的旅行!

奎斯登贝格:为什么呢?你究竟何所指呢?

奥斯塔维奥:朋友,来吧!我得立即顺着这不幸的预兆,用我自己的眼睛来看一个究竟——跟我来吧!

奎斯登贝格:什么?到哪里去呢?

奥斯塔维奥:(匆忙地说)到她那里去。到她本人那里去。

奎斯登贝格:到……

奥斯塔维奥:(更正了自己的话)到公爵那里去。来,跟我去吧。

在这段对白中,席勒就用了一个舌误:奥斯塔维奥本想说:"到公爵那里去",可是他说错了,说成到"她","她本人"那里去,这个"她"按剧情看指的是公爵的女儿,由此可见,他对公爵女儿之恋爱在舌误中不自觉地吐露出来。

精神分析学家兰克(Franz Rank)举了莎士比亚《威尼斯商人》剧中的一个例子,也可以说明舌误在艺术中的作用。在此,我们可以读一读兰克的短评:

"莎士比亚的名著《威尼斯商人》(第三幕,第二场)中的舌误就其所表示的诗的情感及其技术的灵巧而言,都是最好的。这个舌误和弗洛伊德在他的《日常生活的精神病理学》中所引《华伦斯坦》剧中的舌误异曲同工,也足见诗人深知这种过失的结构和意义,而且,假定一般观众都能领会。鲍西娅(Parzia,剧中人物)因受父亲愿望的束缚,选择丈夫纯靠机会。她靠着运气逃避了所有那些他不喜欢的求婚者。巴萨尼奥(Bassanio,剧中人物)是所她倾心的,他也来求婚了,她怕他也选错了箱子。她想告诉他,纵使选错了,仍可博得她的爱情,但因为父亲的誓约而不能说。莎士比亚使她在这个内心的冲突里,对巴萨尼奥做了下面的谈话:

> 我请你稍等一下,等过了一天或两天再行冒险吧!因为选错了,我便失去了你的友伴;所以,我请你等一下吧!我觉得似乎不愿失去你(但这可不是爱情)……我或许可以告诉你如何选择才对,但是我受誓约的束缚而不能这样,因此,你或许会选不到我,但是一想到你或许会选错,我便想打破誓约。别注视着我吧,你的眼睛征服着我了,将我分为两半;一半是你的,另一半也是你的——但是我应该说是我自己的,既是我的,那当然便是你的,所以一切都属于你了。

她想告诉他,在他选择箱子之前,她已属于他,对他非常倾爱,可是,这一层按理是不应说出的,诗人因此便利用舌误去表示鲍西娅的感情,既可使巴萨尼奥稍微安心,又可使观众耐心等待选择箱子的结果。"④

---

④ *Studienausgabe*, Band I, s. s. 61-62.

尤其是歌德评论著名的滑稽讽刺家利希滕贝格（Lichtenberg, 1742—1799）的一席话，对过失的意义可谓一语破的。歌德说："他若说笑话，笑话的背后就暗藏一个问题。有时，他还在笑话中隐示问题解决的方法，有一次，他讽刺一个人时说：'他将 angenommon（假如，假定）读为 Agamemnon（古希腊英雄阿加门农），因为他读荷马读得太熟了。'"

弗洛伊德所说的"心理过程的意义"（Sinn eines psychischen Vorganges），与我们日常所理解的"意义"不同。他说：

> 由我看来，意义（Sinn）就是它借以表示的"意向"（Absicht, intention），或是在心理程序中所占据的地位。就我们所观察的大多数实例而言，"意义"一词都可用"意向"向"倾向"（Tendenz）等词所代替。⑤

由此可见，弗洛伊德所说的"意义"，指的是人们心中深藏的无意识。

弗洛伊德首先以常见的舌误来揭示过失的意义。

舌误的意义有的是一目了然的。比如，一位议长不愿开会，可是又不得不开，于是在他致开幕词时说："诸位贤达先生们！我有幸介绍某某及某某先生来参加我们的会议，我就此宣布：会议闭幕！"惹起满堂哄笑，他才意识到说溜了

---

⑤ *Studienausgabe*, Band I, s. 63.

嘴，急忙更正。他不想开会的无意识思想偷偷从舌误中溜出来，而自己却不知。又比如，一位自信的教授在讲授一种新兴的理论时说："懂得这个理论的人，在本城几百万人中，也仅一指可数（an einem Finger）……不，不，我是说屈指可数（an den Fingern einer Hand abzählen）。"其实这句话表达了他的自信与自负的意向：懂得这个理论的仅只他一人而已。

弗洛伊德认为，构成这种一目了然的舌误的方式，大致说来有三种：第一种是所要说的反面，例如前面那位议长，把"宣布开会"说成"宣布散会"，所说的话是要说的话的反面。第二种是凝缩方式，如那位自信的教授，把an den Fingern einer Hand 凝缩为 an einem Finger。第三种是矛盾方式，例如，一位教授在问及对前任教授的看法时，他本想说"我不愿（geneigt）估量前任教授的优点"，但是由于他心中自愧不如前任教授，因此不自觉地说成了"我不配（geaignet）估量前任教授的优点"。"不配"并不是"不愿"的反面，但是，这句话的意义已和说话者所应取的态度大相矛盾了。

但是，并不是所有的舌误都是一目了然的，有许多舌误都是不易了解的。比如，错读专有名词，或乱发些无意义的语音等，看起来使人莫名其妙。而且一般人也是据此而否认过失是有意义的。但是，弗洛伊德认为，这些看似莫名其妙的舌误或过失，如果稍加仔细研究，我们可以发现是不难领会其所以然的；事实上，"这些难于了解的例子和前面比较容易懂得的例子之间的确没有多大的差别"⑥。而且正是这种不易了解的舌误,更能揭示出过失的意义。

弗洛伊德举了梅林格和迈耶举的一个例子来加以说明。有人问马的主人,马怎么样了,主人答曰:"Ja, das draut…Das dauert vielleicht noch einem Monat."听者莫名其妙,问他在说什么,主人自觉失言,忙说,他认为马太惨了(traurige)。主人本想说,Ja, Das dauert vielleicht noch einem Monat(啊,或许能过一个月吧)。可是,无意识中,他认为马太惨了,在不自觉中流露出来,这样无意识中的"惨"(traurige)与意识中的"过"(dauert)搅混在一起,形成了一个莫名其妙的词"draut"。梅林格和迈耶认为,这是由于traurige和dauert发音近似而导致混合的结果。但是弗洛伊德认为,这不是发音的混合,而是由于意向的冲突而导致的混合。马的主人沉浸在悲哀之中,他回答人的意识与悲哀的无意识,在这一回答中发生冲撞,而导致意向的混合。

在前面讲过的"护送"一例,也是一个不易了解的例子。那位男士本想"护送"女士一程,他心里说,我是不会侮辱你的。意识中的"护送"与无意识中的"不侮辱"在他说话之时同时起作用,结果,心中一慌,把"护送"说成了"侮辱"。

因此,弗洛伊德说,兴奋、疲劳、注意力不集中、分心、语词问题等都不是舌误的真正原因。"它们只是几个名

---

⑥ *Studienausgabe*, Band I, s. 64.

词而已;换句话说,它们是帘子,我们必须看一看帘子后面才对。我们的问题是:兴奋和分心究竟是因什么事而引起的?"[7]

弗洛伊德总结说:从上面的两个例子看,构成这种不易了解的舌误有两种方式:第一种,如马的主人说错了话,是第二个意向歪曲或更改了第一个意向,因而造成了一个有意的或无意的混合的字形。第二种,如那位护送女士的男子,则是一个意向排斥了其他意向,说话者完全把自己要说的话说反了。

由此,弗洛伊德进一步分析过失的机制。

第二节 过失的机制

从前面的分析,我们看到,过失不是无中生有的事件,而是重要的心理活动;它们是两种不同意向同时——或互相干涉——的结果;它们是有意义的。

但是,过失中的两种互相竞争的意向,有一种常常是明显的,另一种则不一定是明显的,我们又是如何得知后一种的意义的呢?换言之,干涉其他意向的究竟是哪种目的或倾向呢?而干涉的倾向和被干涉的倾向之间究竟有什么关系?

被干涉的倾向是容易认识的,犯过失的人知道它,也承认它。比如,那位"打嗝"祝领袖健康的人,其被干涉的意

---

[7] *Studienausgabe*, Band I, s. 68.

向为"干杯"。比较难以认识的是干涉的意向,他为什么把"干杯"说成"打嗝",是什么意向干涉了他的前一意向呢?这就难于理解。弗洛伊德认为,干涉的意向之所以难以认识,其主要的原因在于,过失者不愿承认它,或者说,没有勇气承认它,他们总是用偶然的失误,毫无任何其他动机的不在意等为借口,竭力加以否认、驳斥、抵赖。只要过失者勇于承认,一般说来,干涉的意向也是好认的。比如,议长把"开会"说成"闭会",是因为他心目中想要闭会,因而说了出来,这是极明白的。有些干涉的倾向是一种变换面目的倾向,而没有将自己充分暴露出来,但是只要我们对过失者在犯过失之后,再追问一下,就会将干涉的倾向说出来。当马的主人说错了话之后,我们反问他是什么意思,他就说出了本想说的是"它可惨啦",其干涉的倾向正像被干涉的倾向一样明了。

但是,如果过失者不想解释过失的意义,或者说不愿揭示过失的干扰倾向,我们又如何来追寻呢?弗洛伊德主张采取两种基本原则:第一,可以根据那些非过失所产生的类似现象来推理,如我们在日常生活中故意说错字而取笑人,从这一动机之中,我们可以推知过失者的过失背后的动机。第二,可以根据引起过失的心理背景和过失者的性格以及未犯过失以前的情感来推论,过失可能就是这些情感的反应。我们可以根据第一条原则推出的意义用第二条原则来加以验证。总之,两者相辅相成,相得益彰。当然,这也并不是十分准确的,有时候还须等研究过失的意义的进一步表现之后,才能加以证实,有的甚至难以证实,证实不了。因此,弗洛伊德说:"可是我要再声明一下,我们决不主张——为我们的目的起见,也不必主张——每一过失都各有其意义,虽说我们相信这也是可能的。我们只需证实各种过失比较普遍地有这种意义便够了……总之,我们的理论只可能解释日常生活中的一部分过失。"⑧

上面讲到,过失是两种意向之间的相互牵制的结果,其一可称为被牵制的意向 (die gestörte Intention),另一则可称为牵制的意向 (die störende Intention)。那么,现在就应该考察两个问题:

第一,牵制的意向和被牵制的意向之间究竟有什么关系?

第二,那些起来牵制他种意向的是些什么意向?

在此,还是以舌误为例进行考察。

关于第一,弗洛伊德认为,牵制意向首先是被牵制意向的反面、更正或补充。其次,在一些较模糊的例子里,它们看起来没有关系,但是,它们之间事实上有一种语境之间的联想的关系。

比如,那位议长把开会宣布为散会,这便是反面;一位报纸的编辑受委托为本报作申辩,将"本报向来不自私"误写成"本报向来自私",这是更正。因为他是在想:"我不得不写这篇文章,至于内幕如何,我是知道的。"他这一无意识思想流露于笔头,于是不自觉地将标题做了更正。那位自信的教授,在课堂上将"屈指可数"误成"屈一指可

---

⑧ *Studienausgabe*, Band I, s. 80.

数",这是补充。因为他的内心在想:"懂得这个问题的人屈指可数,然而,事实上只有我一个人才真正懂得,那么很好:就算是屈一指可数吧!"所有这些,其错误都是两种相反的冲动互相冲突的结果,其过失都起源于被牵制的意向的内容或和这种意向有直接的关系。

  但是,那些较为模糊的例子里,看不到牵制的倾向和被牵制的倾向之间有什么关系,那就只有从观察入手,通过语境来考察这个人的思路,就会发现它们之间有一种联想的关系。弗洛伊德举了一个他亲身经历的例子来加以说明。有一次,他和两位女士散步,讨论旅游的弊益,一位女士说:"整天在太阳底下走路,直到外衣……和别的东西为汗湿透,的确不是一件愉快的事。"在这句话里,她已在某一点上有些迟疑。接着她又说:"然而假若 nach Hose,换一换……" Hose 是"裤子",她本想说:"然而假若 nach Hause(回家)换一换",却把"家"(Hause)舌误为"裤子"(Hose)。为什么她莫名其妙地将 Hause 说成了 Hose 呢?从内容上看不出它们之间有什么关系,从语境上看,她前面的迟疑已经给了我们提示,在前面一句中,她本想说"直到外衣、裤子、衬衣都被汗湿透了",可是,由于她不好意思在一个男子面前讲内衣的问题,就缩住了话头没有说,但是这些意思却转入了她的无意识,所以在接着的话语里,这一无意识冒出来成为牵制的意向干扰了后面的话头,将 Hause 说成了 Hose。

  关于第二,弗洛伊德将他分析过的例子分为三组进行研究。

第一组是说话者知道它的牵制的意向,并且在犯过失之前也感到这种倾向。比如那位想陪送女士一程的男子,他的内心本是在想"我不会侮辱你的",可是由于害羞,情急之下将这一意向改头换面地说了出来,变成了相反的意思。

第二组是说话者承认自己有那个牵制的意向,但不知道这个意向在讲话之前会有相当的活动,因此,他虽然接受我们的解释,但又不免稍稍有些惊异,比如,那位将 Hause 说成 Hose 的女士,她可能说这一舌误是偶然的、无意义的,可是一经分析,她又不得不点头称是。

第三组是说话者对于牵制意向大加驳斥,他不仅力图辩解他没有这一意向,而且说对这一意向一无所知。前面讲的那位提议"打嗝祝领袖健康"的人就是这样,他竭力否认他有轻视领袖之意。

这三组对待舌误的牵制意向的态度说明了什么呢?或者,质而言之,这三组舌误的三种机制的共同成分是什么呢?弗洛伊德总结说:

无论是哪一组,其牵制的倾向都被压制(Zurückdrangen)下去。说话者决意不将观念发表而为语言,因此,他便说错了话;换句话说,那不许发表的意向乃起而反抗说话者的意志,或者改变他所允许的意向的表示,或者与它混合起来,或者取而代之,而使之得到发表。这就是舌误的机制。⑨

---

⑨ *Studienausgabe*, Band I, s. s. 84-85.

总而言之：

> 对于说话的原来的意向的压制，乃是舌误所不可缺的条件。⑩

压制成功，就不会发生过失，压制失败，被压制的倾向就得到充分的表现，但是，过失的大多数都是一种意向与另一种意向的冲突不会分上下，各有一部分成功，这样，被阻止的倾向就以改头换面的形式表现出来。因此，弗洛伊德说，我们研究过失的目的：

> 不仅要描写心理现象并加以分类，而且要把这些现象看作是心力争衡的结果，是向着某一目标进行的意向的表示，这些意向有的互相结合，有的互相对抗。我们要对心理现象做一种动力的解释 (dynamische Auffassung)。⑪

第三节　对三种过失的分析

从前面弗洛伊德对过失的研究，我们可以看到，过失是有意义有目的的心理现象，它们是两种不同意向相互牵制的

---

⑩ *Studienausgabe*, Band I, s. 85.
⑪ *Studienausgabe*, Band I, s. 80.

结果，而且，这些意向中，若有一个想要藉牵制另一个而得到表现，其本身便不得不先受一些阻力禁止它的活动，因此，大多数过失都是通过调和的办法，以致改头换面的形式出现的意向。对这一研究成果，弗洛伊德非常得意，他自信地说："这便是我们的精神分析的第一个结果了。以前的心理学不知道有这种互相牵制的情形，更不知道这种牵制能产生这些过失。我们已经将心理现象的范围大加扩充，而使心理学有前所未经承认的现象了。"⑫

从前的心理学至多认为"过失是心理的行动"，如"分心说"，弗洛伊德认为"过失是有意义的"，对于过失而言，这两句话，哪一个最准确，哪一句更体现了过失的内涵呢？弗洛伊德说：

> 让我们先讨论一下"过失是心理的行动"这一句话。"过失是心理的行动"是否比"过失是有意义的"有更丰富的内涵呢？我认为不然。相反，前一句话反比后一句话更加模糊而更易引起误会。凡是在心理生活中可以观察的一切，都可认为是心理现象。但也要看它是否为这样一种特殊的心理现象，它直接起源于身体的器官，或物质的变化，因而不属于心理学研究的范围；或者是另一种现象，它直接起源于他种心理过程，而在这些过程背后在某一点上发生一系列的机体的变动。我们之所谓心理过程，便指那后一种。所以我们不如说：过失是

---

⑫ *Studienausgabe*, Band I, s. 80.

有意义的，反较为方便；所谓意义就是指重要性、意向、倾向，及一系列心理过程中之一种。⑬

因此，凡是有意义的我们便称之为过失，没有意义的，我们就不能称之为过失。有些现象，虽和过失有很密切的关系，但不宜称为过失。比如戏动衣服或身体的某些部分，或随手拿起伸手可及的某种物品等这些偶发的或显然没有目的的动作。这些动作看起来没有意义，也没有用处，而且显然是多余的。它们一方面和过失不同，因为没有反抗或牵制的第二个意向；另一方面又和我们所视为表示情绪的姿态和运动没有什么区别。弗洛伊德称之为"偶然的"及症候性的动作 (Zufullund Symptomhandlungen)。

那么如何判定什么是过失呢？弗洛伊德提出了三个标准：

一个过失的心理历程，若欲隶属于此类现象而加以如彼的解释，必须合乎下列条件：
一、它不可超越某一程度，亦即必须"在正常范围内"，这个范围可以经由我们的观察估计来确立。
二、它必须的确是瞬间的、一时的障碍。对于同样的动作，我们自信以前做得很好，简直轻而易举；一旦被指正我们能马上发觉对方的正确和自己心智活动的错误。
三、如果我们发现一项过失行为，我们应不能自己发觉

---

⑬ *Studienausgabe*, s. s. 80-81.

它有任何动机存在，即坚持着用"不注意"或"意外"来解释。[14]

由此，弗洛伊德将过失分为三类：
一、舌误，及笔误、读误；
二、遗忘，包括专名遗忘、外文字的遗忘、名词与字序的遗忘、印象及决心的遗忘；
三、误放、误取及失落物件等。

一、舌误，及笔误、读误

1. 舌误

关于舌误，前面讲了很多了，但是弗洛伊德补充说，舌误有时是有传染性的，比如某人在某一个字上受了干扰，把长音发成了短音，那么，无论其动机如何，结果必将把后面一个字的短音发成长音，造成一个新错来补偿前面所犯的错误，第二个补充性的错误是要引起人们注意第一个错误，以表明他意识到自己已犯了个错误。

舌误像梦一样也有凝缩的机制。我们知道，由梦的隐意达到梦的显意时，凝缩作用是个非常重要的力量：两种潜意识素材之间在对象上或文字表达上的任何相似之处，都足以造成另一个介乎其间的合成或妥协的东西，在内涵上他兼有

---

[14] 弗洛伊德：《日常生活的心理分析》，台湾志文出版社，1990年，第186页。

二者，因此，给人以矛盾之感。同样在舌误中，替代或混淆作用的形成，就具有这种凝缩的作用。比如那位马的主人，将"惨"和"度过"凝缩而为一个莫名其妙的词"draut"。此外，还有人将长句凝缩，或把后面的意思放在前面来了，这个舌误说明他对长句不耐烦，这看起来是由于语音的影响，或由于联想的关系而造成的，但弗洛伊德认为，要点不在于注意力的分散，也不在于联想的倾向，而在于牵制原来意向的他种意向的存在，至于这种牵制的意向是什么，则有待于分析。

一般说来，舌误给人带来尴尬，予人难堪，但是偶然地，由于语句结构的巧妙安排，言语谬误也可能带给人重大的启示，或造成十足的喜剧效果。比如下面这个例子：一个吝啬的富翁邀请了一群朋友开舞会，直到晚上十一点半，舞会还很顺遂。其后有一段休息的时间，大家以为晚宴要开始了。令宾客们大为失望的是，并没有什么晚宴，主人只用三明治和柠檬汁来款待他们。那时美国的选举正将来临，话题多半以候选人为中心；讨论愈来愈激烈，有一位客人是罗斯福的热心支持者，大声地向主人说："罗斯福的好处太多了，说也说不完。但是有一件事不能不提——他是一个绝对可靠的人，铁面无餐。"他本想说的是"铁面无私"。在场的宾客都拊掌大笑，而主人和那位客人则尴尬得不得了，他们都心中有数。

总而言之，弗洛伊德说：

一个人之所以说错话，乃是因为他的内心正在和某些亵渎的含义或文字挣扎。一般人很喜欢耍这一类的花招,故意扭曲或变化一字一词,把紧要的地方省略掉了,只说出那些看来干净的部分,这种常见的文字游戏,很可能趁我们不注意的时候,违背我的意愿,爬上心头,不期而然地出现,这是一点也不为奇的。⑮

2. 笔误

关于笔误,其机制与舌误相同,字的写错,尤其是把后面的字提前写了,显示出写字者不喜欢写字或缺乏耐心;而更显著的笔误便可以显示出牵制的意向来。弗洛伊德举了一个当时的杀人犯 H 的例子。H 冒充细菌专家,从科学院中取出危险的细菌来杀人,有一次他写信抱怨科学院寄来的细菌没有效力,但信中把字写错了,他本想写:"我在实验老鼠和豚鼠时(bei meinen Versuch an Mäusen oder Meerschweinch)",误写成"我在实验人类时(bei meinen Versuchen an Mensch)",人们当时只把这当作一件小小的笔误,弗洛伊德说,如果当时注意到这笔误背后的牵制倾向,那就可以免除他的犯罪了,可惜人们没有注意到。与此相反,焚烧弗洛伊德著作的纳粹党徒,却对弗洛伊德的学说坚信不疑。《纽约时报》驻柏林记者当时发过这样的一篇报道:一位校稿员因为把某文的公式化结尾"向希特勒致敬"(Heil Hitler)排成了"向希特勒治病"(Heilt Hitler),

---

⑮ 弗洛伊德:《日常生活的心理分析》,台湾志文出版社,1990 年,第 23 页。

被抓进了牢里。他当时辩解道,这只是一个偶然的过失,但是没有人理他。弗洛伊德说:"纳粹早已焚毁弗洛伊德的作品,但是他们似乎仍了解弗洛伊德的学说。这个错误明白表示了校稿人员对希特勒的人格的看法。他的错误,潜意识地表达了他希望上帝能医好希特勒的疯狂。"⑯

值得注意的是,道德意味很浓的抽象文句,常经由排版的错误而出现色情方面的含义。

最著名的要数"邪恶《圣经》"(Wicked Bibble),这本《圣经》是1631年英国国王钦定的《圣经》,但是其中"十诫"中的第七诫"不可奸淫"少了一个"不",变成了"可奸淫"。据说,印刷者因此而被罚款2000英镑。

德国也有一本《圣经》,可称之为"呆子《圣经》",这本《圣经》是在德国黑塞(Hesse)地方著名的沃尔芬比特尔(Wolfenbüttel)图书馆里找到的。《创世纪》一章讲到上帝告诉夏娃,亚当是她的主人,本应译作"und er soll dein Herr sein",可是这本书上却写着"und er soll dein Narr sein",将"主人"变成了"呆子"(Narr),后来人们认为,印刷者的太太是个有名的泼妇,不希望他的先生管她,因此在排印《圣经》时,她做了手脚,把 Herr 换成了 Narr。

弗洛伊德认为,一般说来,我们在写的时候比在说的时候要容易出错些。对此,他引用冯特的话说:

---

⑯ 弗洛伊德:《日常生活的心理分析》,台湾志文出版社,1990年,第95页。

平常说话的时候，意志的压抑力量经常作用，使发音时的思路趋于和谐。如果思路的流动受阻于表达上的缓慢，比如在书写的时候，前后现象就很容易发生了。⑰

3. 读误

关于读误，弗洛伊德认为其心理机制与舌误和笔误不同。因为，读误的材料不是心理的产物，不同于要写的东西。读误的心理机制，引起其过失的牵制倾向不在所读的材料中，而在于心理情景、过失者的性格以及未犯错误时的情感。

在误读时，两个相冲突的倾向有一个被感觉性的刺激所代替，所以或许较久坚持性。一个人所读的材料不是他心理的产物，是不同于他要写的东西的。所以就大多数例子而言，读误都是以彼字代替此字；至于此字和彼字之间则不必有任何关系，只需字形相同就足够了。⑱

比如，某人在一个陌生的城市游览，尿急了，突然发现一个房子的二层楼上挂着一个牌子，上书 Klosetthaus（厕所），正当他疑惑为什么厕所的牌子挂得这么高时，才发觉这个字是 Koresetthaus（卖妇女紧身衣的商店）。

---

⑰ 弗洛伊德：《日常生活的心理分析》，台湾志文出版社，1990年，第 98 页。

⑱ *Studienausgabe*, Band I, s. 89.

又如，一个望子心切的女人，总是把 Stock（存货）念成 Stork（鹳鸟）。因为在西方有个谚语说："鹳鸟送子"。

弗洛伊德举了一个他自己亲身经历的例子。一天他收到一封信，信上说可怜的 H·威廉太太（poor Mrs. Wm. H.）病危，他太太不相信，弗洛伊德再看信，原来是可怜的 M·威廉太太（poor W. M.），他太太还是不相信，这次他看清楚了，原来是可怜的 M·威廉医生（poor Dr. W. M.）。之所以一错再错，弗洛伊德说是因为他对一直卧病在床的 H·威廉太太非常关心，所以发生了接连的读误。

一般说来，读误的可能性比起舌误和笔误要少，之所以如此，弗洛伊德认为：

> 我还极愿一提的是，关于助成读误的种种原因之观察，很可能激发我们的好奇心，而这很可能是丰硕研究成果的起点。我们都熟知，大声朗读时，人们的注意力常会从书本游离，飘进自己的思潮里。这时如果你忽然打断他，问他现在正在读什么，他会瞠然不知所对。换句话说，他的朗读是自动的、机械式的，但是却还是很少读错。我不相信在这种情况下错误会增加。我们反倒更相信，当我们机械式地做一件事，一点也没有意识参与其间的时候，发生的错误最少。由此可见，不管在舌误、笔误或读误里，注意力的变化并不是像冯特所想象的那样（注意力的减少或消失）。上面我们分析过的例子里，没有一个曾有注意力减少的迹象。我们所发现的却

是另外一回事：强侵进来的他种思想，干扰了注意力。[19]

二、遗忘

1. 专名的遗忘

关于遗忘，一般的心理学家认为，遗忘具有选择性，即名字比起一般的记忆内容来更容易遗忘。但是，弗洛伊德认为，"遗忘选择性"之说是不充分的。因为，在我们"遗忘"的同时，还有假的"忆起"。换句话说，当我们竭力地去想起所遗忘的名字时，却想起了别的名字——代用名字——我们明知道这个代用名字不是我们想要忆起的名字，可是，它却仍要以极大的力量强行冒出来，也就是说，要再造那被遗忘名字的机转，却被另一机转所取代，因而弄出个牛头不对马嘴的代用品出来。

为什么正主儿寻不着而歪主儿却偏偏找上门来呢？弗洛伊德认为，这并不是我们心理机能的反复无常，而是我们的心理机能遵循着一条合理合法的途径而得的结果。也就是说，这个强行冒出来的代用品与那被遗忘的名字有着必然的联系。弗洛伊德举了他自己亲身经历的一个例子。

一次，弗洛伊德费尽力气想记起奥维亚托（Orvieto）屋顶那幅堂皇的壁画"最后的审判"的作者，却怎么也想不起来，但是在这忆起之中，却有两个另外的名字极力冒了出

---

[19] 弗洛伊德：《日常生活的心理分析》，台湾志文出版社，1990 年，第 98-99 页。

来，这就是博尔特拉菲奥（Boltraffio）和波提且利（Botticelli），最后有人告诉他，真正的作者是西诺雷利（Signorelli），他恍然大悟。为什么 Signorelli 会与 Botticelli 和 Boltraffio 联系在一起呢？弗洛伊德认真地探索了这条途径。

弗洛伊德说，他的这次遗忘，主要是因为"新的话题为先前的话题所阻（eine Störung des neu auftauschenden Themas durch das Vorhergehende）"。当时弗洛伊德正谈到波西尼亚（Bosinia）和黑山（Herzegovina）两地土耳其人的风俗。这两个地方对医生完全信任，如果医生告诉家属，病人无望了，家属就会说："Herr, Was ist da zu sagen? Ich weiß, wenn er zu retten wäre, hattest du ihn gerettet!"（先生，还有什么可说的呢？我知道，要是他有救的话，你是会救他的！）在这里，Bosinia、Herzegovina、Herr 这三个字与 Botticelli、Boltraffio 和 Signorelli 之间有些相同的因素。

从土耳其，弗洛伊德还想到性的问题，土耳其人对性的愉悦极为注重。有一次，一个人对弗洛伊德说："先生（Herr），那个东西停止了，生命便不再美丽了。"想到性，弗洛伊德又记起他在一个名叫 Trafoi 的地方听说过有一个他尽力治疗的人因性生活不调顺而死亡的消息，这样由性而联想到死亡，同时 Trafoi 与 Boltraffio 之间又具有相同的因素。弗洛伊德本想把这件不愉快的事情忘掉，而事实上这件事情没有忘掉，而是被压抑成无意识而深藏在心底，而这时却冒出来与他捣乱。弗洛伊德把被遗忘的名字与被压抑的主题之间的联系用下页的图来进行图示[20]。

把专名的遗忘与错误的忆起之间的关联做一总结就可以发现：(1) 有某一遗忘名字的倾向；(2) 不久前发生过抑制作用；(3) 被遗忘的名字与被压抑的要素之间，具有某种外在的可能联系。总而言之，与舌误一样，专名的遗忘是由于一种意向牵制了另一种意向，致使引起了错误的忆起。

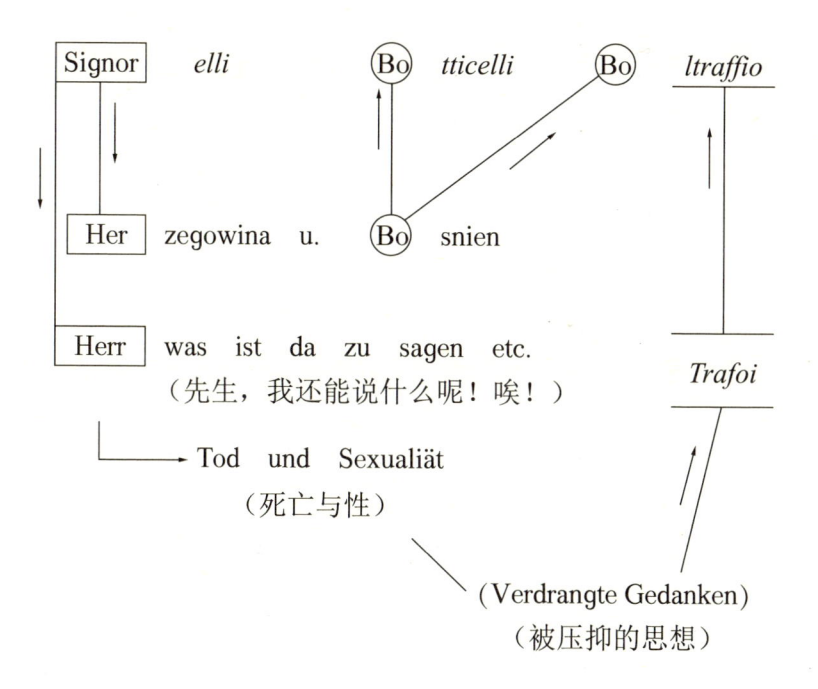

```
Signor    elli         Bo  tticelli    Bo    ltraffio
  │↑                    ↕                      ↑
  ↓│                                           │
 Her    zegowina  u.   Bo   snien              │
                                               │
 Herr   was ist da zu sagen etc.             Trafoi
        （先生，我还能说什么呢！唉！）          ↑↓
    └──→ Tod  und  Sexualiät                   │
            （死亡与性）                        │
                    ╲                          │
                     （Verdrangte Gedanken）
                       （被压抑的思想）
```

2. 决心的遗忘，以及外国人名及外国字的遗忘

关于决心的遗忘，弗洛伊德认为，可能是由于一种相反的情感，阻止了行为的报行。这种情况在日常生活中是

---

[20] *Zur Psychopathologie des Alltagslebens*, s. 11.

很多的。例如，女主人看到客来，便说道："你今天来了吗？我却忘记了今天的约会。"这个女主人显然是不喜欢这个客人的到来，因而在潜意识中不希望他来，以致忘记了他的约会。又如，一个施恩者忘了求恩者的请求，求恩者一定会心怀怨恨，不管施恩者如何道歉都不管用。在求恩者看来，施恩者太忽视他了，他允其所请，却并无践约之意。由此可见，在日常生活中，人们也认识到，遗忘的这种过失是有意义的，这种行为虽然是无意识的。由此可见，"将决心加以牵制的意向通常是一种反抗的意向，一种不情愿的情感"㉑。

弗洛伊德将这种不情愿的情感，即"相反的意愿"(der Gegenwille)分为两种，即直接的相反意愿和间接的相反意愿。直接的相反意愿，是指双方的当事人之间没有好感，间接的相反意愿是指双方的当事人可能没有冲突，只是由于第三者才导致了相反意愿。比如，一个人忘了约会，可能是由于不愿去约会的地点，而不是由于不愿见约会的人。施恩者对求恩者没有反感，可是由于他对引荐者反感，以致恨乌及屋。弗洛伊德认为，这种间接的相反意愿不纯粹是病态的，在健康和常态的范围内也可以遇到。

关于外国人名以及外文字的遗忘，也是同样和这些名词直接的或间接的不相融洽的倾向，弗洛伊德把牵制的倾向分为三种：(1)嫌恶这些名词，而不愿记起；(2)这些名词可以引起某种不愉快的回忆，而逃避记忆；(3)这些名词属于

㉑ *Studienausgabe*, Band I, s. 91.

某些更为亲密的联想系列,不好意思记起。比如一个人的名字与自己的恋人或父母同名,人们不想将之引入自己的亲密的联想系列,因而这一联想就引起了阻抑。

对于印象和经验的遗忘,弗洛伊德认为更明显地体现了一种避免不愉快的倾向。他举达尔文为例,达尔文把凡是和他的学说相冲突的事实,都慎重地记载,为的是怕遗忘了这些事实。弗洛伊德也注意到他的这一原则与我们日常的原则不同,因为,我们日常的原则是,痛苦有助于记忆。他认为这与他的原则并不相矛盾,这正是说明痛苦这一牵制的倾向太强,超过了要遗忘它的倾向,冲突战胜了反冲突的结果。

三、误放、误取及失落物件

1. 误放(包括失落对象)

弗洛伊德认为,这种过失表现出来的倾向,讨论起来最有意思。他认为,失物的人都有一种失物的愿望,换句话说,在他的潜意识里就想失去这一物件。至于这个过失的理由或目的,弗洛伊德认为还是为了逃避不快:

> 一个人失物,也许是由于此物已损坏,也许是他想借此换一个好的,也许是他对于此物不很喜欢,也许是他对于赠送此物之人有了不快之感,也许是他不愿意回忆取得此物时的情景。失落对象,或损坏对象,都可用以表示相同的倾向。

有时，一个对象虽没有失去价值，但也可被失落，似乎由于有一种牺牲了它就可以逃避其他更可怕的冲动。据分析的结果，这种消灾解难的方法仍很通行，所以，我们的损失也屡出于自愿的牺牲。失物也可以泄愤或自惩。总之，失物背后有较深的动机，是不胜枚举的。[22]

2. 误取

关于误取或动作错误，弗洛伊德认为，也常常用来满足一种应当禁止的愿望，其意向借口偶然的机会。他说，他有一个病人，在治疗时，他不允许这个病人与他妻子通电话，病人有一次给弗洛伊德的电话，可是拨错了号码，无意中又拨了妻子的号码，可见这种动作的错误不是偶然的，而是潜意识里的牵制意向冲突的结果。

关于过失的研究，弗洛伊德认为具有极重要的意义。他曾专门写有《日常生活的精神病理学》(*Zur Psychopathologie des Alltagslebens*) 一书加以论述。其后，又在《精神分析引论》中把它作为精神分析的入门理论。对过失的研究，弗洛伊德曾做了相当高的评价：

我们应用精神分析法习得过失和偶发行为的机转，发现它们在根本上与梦之形成的机转相一致。那一方面的论述我已在《梦的解析》书中《梦的工作》一章里详细说明过。两者都有"浓缩现象"及"妥协形成"混淆；潜

---

[22] *Studienausgabe*, Band I, s. s. 95-96.

意识思想，用种种古怪的方式，藉肤浅的联想，依附且改变他种思想，而有了梦与日常生活的种种过失。不辨真相幻相，任意处置储存的材料，造成了日常生活里常见的那些错误，也造成了梦境的不和谐、荒谬和误见，使得梦意几难辨认；二者皆然，黑白不分、是非颠倒的情况所以会发生，都是由两个或两个以上各具意义的行为奇特地干扰而形成的。由于它们的结合，得到了如下的结论：在人心深处，有一股隐流存在，从前我们追究梦中隐藏的意义时，触及它惊人的势力，如今我们已拥有众多证据，发现它不是只有在睡梦之间才大肆活动的，它在人们清醒状态下，也不时出现在过失行为里，这种结合也更使我们相信，这些看来奇特反常的心理历程，恐怕并不是精神活力败坏或官能病态的结果。

除了过失行为和梦之外，要正确了解这个奇特的精神势力，还需从心理症方面下功夫，特别是歇斯底里症与强迫心理症，它们的机转根本上与前述运作方式完全相同。今后的研究，便是要从这一点开始。[23]

过失是揭露潜意识的出发点，是神经病研究的基础，总而言之，是弗洛伊德理论的入门处。

---

[23] 弗洛伊德：《日常生活的心理分析》，台湾志文出版社，1990年，第22页。

第四章 梦的解析

第一节 析梦的历史

梦是自古已有，对梦的解析也是自古有之。原始人对梦的看法直接影响到他们的世界观，也可以说是他们的世界观的一个重要的形成因素。古希腊罗马人对梦的看法以原始的梦的看法为基础。他们认为，梦与他们信奉的超自然物有关，梦从上帝和魔鬼处给人们带来神灵的启示。在他们看来，梦对梦者具有一种特殊的目的。至少，梦会给梦者预示未来。因此，在关于梦的评价上便有了两个不同的方面，这就是真正的有价值的梦和徒劳欺人的空洞之梦。前者给梦带来启示，或预言未来的事件，后者则使梦者误入歧途或者引导梦者走向毁灭。

古代人也认为，梦是由有神力的人所送来的信息。最著名的例子就是《圣经》中约瑟给法老圆梦。在《创世纪》第四十一章，有这么一段记载：

法老对约瑟说："我做了一个梦没有人能解，我听见人说，你听了梦就能解。"约瑟回答说："这不在乎我，神必将平安的话回答法老。"法老对约瑟说："我梦见我站在河边，有七只母牛从河里上来，又肥壮又美好，在芦荻中吃草，随后又有七只母牛上来，又软弱又丑陋又干瘦，在埃及遍地我没有见过这样不好的。这又干瘦又丑陋的母牛，吃掉了那先前的七只肥母牛。吃完了以后，却看不出是吃了，那丑陋的样子仍旧和先前一样。我就醒了，我又梦见一棵麦子，长了七个穗子，又饱满又佳美，随后又长了七个穗子，枯槁细弱，被东风吹焦了。这些细弱的穗子，吞了那七个佳美的穗子。我将这梦告诉了术士，却没有人能给我解说。"约瑟对法老说："法老的梦乃是一个，神已将所要做的事指示法老了。七只好母牛是七年，七个好穗子也是七年；这梦乃是一个。那随后上来的七只又干瘦又丑陋的母牛是七年，那七个虚空被东风吹焦的穗子也是七年，都是七个荒年。这就是我对法老所说，神已将所要做的事显明给法老了。埃及遍地必来七个大丰年；随后又要来七个荒年，甚至在埃及各地都忘了先前的丰收，许多地方必被饥荒所灭，因那以后的饥荒甚大，便不觉得先前的丰收。至于法老两回做梦，是因神命定这事，而且必速速成就。"

在这里，梦被当作是上帝预示给人的启示。

与这些观念不同，苏格拉底对梦的看法独树一帜，他认为，梦表现为良心的呼唤，而最重要的是正视这些声音并遵循它。据柏拉图在《斐多篇》(Phaedo)中记载，苏格拉底死前不久，曾清楚地表达了这一立场：

> 齐贝（Cebes）说：苏格拉底，我很高兴你提到伊索（Aesop，即著名的《伊索寓言》的作者）的名字。因为这使我想到一个为许多人所询问的问题，同时前天诗人欧文努斯（Evenus）也才问过我的问题；他一定会再问的，因此假如你希望我能圆满地回答他的疑问，你最好告诉我应该如何对他说。他想明白从未写过一行诗的你，为何在狱中把《伊索寓言》转译成诗篇，并构思颂扬阿波罗的赞美诗呢？
>
> 他回答道：齐贝，把真相告诉他吧，我心中从未存过要与他或他的诗竞争的念头。要这么做，就我所知，并不是一件容易的事。不过要看看，我是否能够消除对某些梦的意义的疑虑感觉。在我的一生当中，常常梦见我应该会作曲或创作诗歌。相同的梦有时以这一形式，有时以另一面貌出现，但它老是说一些相同的话，"创作并构思音乐"，梦总是这么说。因此我想象这只是要劝告并鼓励我研究哲学，哲学是我终生所一直追求的，也是最高尚与最优美的音乐。这段梦驱策我做早就在做的事，就是赛跑者在他已奔跑时，老是为观众所驱策前奔一样。但我不敢确定，因为梦中所说的音乐也许是指该学的一般意义。而在接受死刑的判决之后，由于狂欢节而使我得以减刑，我想在去世以前，满足那疑虑，并遵从梦的命令而创作一些诗歌，使我自己能够心安理

得。因此首先创作颂扬这庆典的主神之赞诗。并且认为一位诗人,假如他真正是诗人,应当不只集字成诗,也应该创造故事。由于我自己没有什么创作,因此采取伊索寓言,对它我早已耳熟目详——它们是我最早先接触的——并把它转写成诗歌。齐贝,把这些话告诉欧文努斯吧,并且鼓舞他,说希望他跟随我、学习我,假如他要做一位有智能的人,而不是不长进的人。今天我大概要离开人世了,因为雅典人非要我离去不可。[①]

与苏格拉底的观点相反,柏拉图则认为梦是我们内心非理性野兽天性的表现。在《理想国》中,柏拉图有一段话深刻体现了他的这一思想:

> ……某些不必要的欢乐与嗜好,在我看来乃是不合常规的 (unlawful),每个人似乎都拥有这些嗜好,但在某些人中,它们是受法律与理性支配的,而且较合乎正道的欲望,往往超越这些邪恶的欲望——它们不是完全销迹,就是变成稀少、微弱。然而有些人的邪恶嗜好却是比较强烈而且其多无比。
> 你是指什么嗜好呢?
> 我是指那些当理性与人性及统治的力量 (ruling power) 熟睡时,觉醒过来的嗜好……那时人们会犯下各式各样的一切愚行与罪恶——甚至乱伦或任何不合自然的结

---

① 弗洛姆:《梦的精神分析》,台湾志文出版社,1986年,第111-112页。

合，或弑父或吃禁止食用的食物等罪恶也不除外——这些罪恶在人有羞耻心及理性的伴同下，是不会去犯的。

很有道理，他说。

不过当一个人的脉搏正常而健康时，在他尚未熟睡前，他会使他的理性力量保持清醒，并喂以高尚的思想与观念，使自己冥思默想，在他既不太多、也不太少地满足他的嗜好后，就会足够地使它们熟睡，避免它们与较高的原则——这些较高原则，是只有在他纯抽象思考的孤独中才具有的，并且能够自由地深思熟虑与渴望未知的知识，不论是在过去、现在或未来，即假若他与任何人发生争吵，他能够以理性来减轻愤怒的情绪——接触，而产生的快乐及痛苦后，我是说，当他抑制住两个非理性原则后，在他入睡前，他就产生了第三个原则，即理性，然后如你所知，他就更接近真理，而且更不会受幻想与无原则的观念的迷惑。

我十分同意。

我这么说，似乎有点离题；不过希望指出的要点是我们大家，甚至在好人里面，都具有不受法律管辖的野兽天性，它在睡梦时暴露出来。请你在考虑我到底说得对或错后，告诉我你同意我的话。

是的，我同意。[2]

正如弗洛姆所说的那样，从这里，我们可以看到，"柏

---

[2] 弗洛姆：《梦的精神分析》，台湾志文出版社，1986年，第113-114页。

拉图的梦理论几乎是弗洛伊德的梦学说的先驱"。柏拉图与弗洛伊德一样,把梦当作我们的内心无理性野兽天性的表现。他又指出某一性质而使这种分析限制于某一范围。他认为,假若睡梦者,在平静与内心安宁的心情下入睡,他的梦就会较少含非理性成分。然而,这观点绝不可与认为梦是我们的非理性以及我们的理性无情的表现之二元解释观念相混淆。对柏拉图而言,它们本质上乃是存在于我们内心的野蛮与恐怖无情的表现,这些无情,在已臻至于最高成熟与智慧的人中较少存在③。

亚里士多德在两部著作中提到了梦,并且他把梦看作是一个心理学的问题。亚里士多德认为,梦并不是一种超自然的启示,而是服从着人类精神的法则。当然,这一法则和神具有密切的关系。梦被定义为睡眠者在睡眠时候的心理活动。亚里士多德还了解到梦的某些特征。例如,他知道梦把睡眠时知觉到的轻微感觉转变为强烈的感觉(如身体的某个部位只略微地感到有些热,一个人就梦想到他正穿过大火),他由此推断,梦可能可以显示身体的不适的变化的迹象。此外,希波克拉底也曾研究过梦与疾病之间的关系。

与梦的各种评价不同的是关于梦的解析的问题。由于大多数梦的模糊性和间断性,人们总是想用明白易懂的语言,尤其是与现实事情密切相关的意义去解释它或比附它,因此,自远古时代就有析梦家,希腊达尔迪斯的阿特米多鲁斯(Artemidoros aus Daldis)即以析梦权威而闻名后世。古

---

③ 弗洛姆:《梦的精神分析》,台湾志文出版社,1986年,第114页。

代希腊人和我们东方民族一样出兵时必带一个析梦者，就像后来打仗要带侦察员刺探敌情那样。亚历山大大帝打仗就是如此。有一次他攻打泰尔城，由于敌人防守很严，他久攻不下，便想放弃攻城。有一夜，他做了一个梦，梦见一个半人半羊的神得意扬扬地跳舞，他将此梦告之析梦者，析梦者认为这是破城的预兆，大帝因此发出进攻令，于是以暴力攻破城池，取得胜利。

现代的实验心理学一方面对古代的析梦术不屑一顾，另一方面以梦为对象进行精密的科学研究，他们否认梦是一种心理历程，而认为梦是物理刺激在心理上的表示。弗洛伊德根据他们对梦中精神活动的程度和方式的基本概念，将它们大致分为下列几派：

1. 认为梦是清醒状态下的丰富精神活动在睡眠中的延续。这种理论认为，心灵没有睡觉，它的机构保持完善，但是处在与清醒状态不同的睡眠状态下，因而它的活动的结果必定与清醒状态的结果不同。

2. 与上述理论相反，把梦设想为精神活动减少、联系的松弛。这一派理论家认为，睡眠广泛地侵入心灵，它并不只是把心灵关在外部世界之外，反之，它进入它的机制，并且使它暂时成为无用的。

3. 这一派理论将上述两派中和在一起，它囊括了那些把睡眠心灵的能力和倾向归功于特殊精神活动的理论。他们认为，这些特殊的精神活动在清醒状态中或者完全不能，或者不完整地发挥作用。一般认为，这些活动的表现会导致一个有用的梦功能。早期理论家对梦的评价主要属于这一类型。

他们认为，梦是心灵的自然活动，它并不受个人能力的局限，也不受自我意识的干扰，或自我决定的指导，而是自由活动着的敏感中心的活力。

弗洛伊德反对这些生理学家的梦的理论。他认为梦有两个基本特征：

1. 梦是睡眠中的心理活动，这个生活虽然有些类似于醒时的生活，而同时却又大有区别。弗洛伊德说，梦和睡眠有着密切的关系，我们可以被梦惊醒，我们自然而然地醒过来，或勉强地由睡眠中醒来，都常有梦。梦似乎是介于睡眠和苏醒之间的一种情景。在睡眠中，心理活动没有停止，它仍然刺激着我们的心灵，心灵对这些刺激，不得不予以反应。所以梦就是睡眠中的刺激的反应方式。由此，可以进行梦的解析，因为，我们可以对各种不同的梦研究它们究竟有何种刺激扰乱睡眠，而形成梦的反应。

2. 梦中绝大部分的经历为视像，虽然也混有感情、思想及其他感觉，但总以视像为主要成分。述梦的困难主要在于将这些意象译成语言。

基于梦的这两个共同特征，弗洛伊德得出这两种假设：一是，梦不是一种躯体的现象，而是一种心理的现象；二是，梦是有意义的。弗洛伊德通过对梦的解析来验证这两点假设。

第二节　梦的解析的方法——一个梦例的分析

弗洛伊德说，对梦的解析在古代以及后来通行的方法有两种：第一种方法把梦的内容设想为一个整体，寻求用另一通俗易懂的而且在某些方面相类似的内容去取代它，这就是梦的象征性解析。比如前述《圣经旧约·创世纪》上的约瑟对法老的梦的解析便是这样的一种例子。梦中先出现七条肥硕的牛，后面跟着七条精瘦的牛，并把前者一一吞噬，前者就是象征性地代表埃及将有七个丰年所积累的全部盈余。第二种方法可称为"密码法"（Chiffriermethode），这种方法把梦视为一种秘密的号码，每个符号都能根据一个确定的线索翻译为另一个有已知意义的符号。例如，在梦中梦到一封信和一个葬礼，通过查阅一本"梦书"，发现"信"应译为"烦恼"，而"葬礼"则译为"订婚"，等等，这样的解释只能对梦的内容的各个部分来解释，而不能从整体上来进行，梦仿佛是一种混合物，其中每个片段都要求专门的处理。弗洛伊德认为：这两种流行的解析法都是毫无价值的，象征方法在应用上具有局限性，不能对梦进行普遍的解析。在密码法中，每个解析都取决于"线索"、梦书是否可靠，所有这些则缺乏任何保证。因而，人们把梦视为纯属空想的东西[4]。

弗洛伊德自己创造了一门独特的析梦方法，这就是他的精神分析法。精神分析法源于他对歇斯底里病状的治疗和研

---

[4] *Studienausgabe*, Band II, s. 119.

究。因为在治疗精神病时，病人常讲到梦中的问题，所以，弗洛伊德进一步来分析梦。弗洛伊德首先利用自由联想法让梦者把所浮想到的一切梦的片段说出来，然后对这些梦境进行精神分析。弗洛伊德举了一个他分析自己的梦的例子，来具体说明他是如何分析梦的。这个梦就是众所周知的"伊玛打针"。

这个梦的背景是 1895 年的一个夏天，他治疗一个名叫伊玛的女士的歇斯底里焦虑症，但未完全治好。一天，他把治疗的病历送给权威的医生 M，以证明自己诊断无误，于是，在这天凌晨他做了下面的这个梦：

1895 年 7 月 23 日—24 日的梦

一个大厅挤满了我们正在接待的许多宾客，伊玛在他们之中。我立即把她带到一边，并当即责备她没有接受我的"解释"。我对她说："如果你还有痛苦，那就是你自己的过错。"她说："但愿您知道我现在喉咙、胃和肚子有多么疼，我快给疼痛憋死了。"我大吃一惊并开始端详她，她看起来苍白浮肿，我想我一定忽略掉了某种器官疾病。我带她走近窗口并检查她的喉咙。她做出某种抗拒，就好像口里装有假牙的妇女们常做的那样。我想，的确她不需要这种检查，然后，她把嘴张得大了些，我在右边看到一大块白斑，在其他地方找到一大片灰白斑奇怪地黏贴在卷曲的形状上，这显然像是鼻子内的鼻甲骨。我马上叫来 M 医生。他反复检查，并证明了我的判断……M 医生看起来与往常有些异样，他极为苍白、略跛，下巴刮得一干二净……M 说："这无疑是感染，但是不要紧，生了痢疾之后，毒就会排掉……"

原梦很长，其中的意象很多，我们在此抽取其中的一部分来进行说明。这个梦的主题与做梦之前的背景是一目了然的，但是正如弗洛伊德所说："谁也不能直接从前言和梦的内容中猜测到这个梦的意义，甚至我也不知道。"于是弗洛伊德利用精神分析法对这个梦进行了彻底的分析：

1. 大厅里——我们正在接待许多宾客。

这是源于弗洛伊德夫人的一个梦，当时，她梦想在生日时请一些朋友包括伊玛集会在一起，庆祝她的生日。

2. 我责备伊玛没有接受我的"解释"。我说："如果你还有痛苦，那正是你自己的过错。"

弗洛伊德在行医初期认为，只要揭示出病人的症状就行，至于是否症状消灭，那是病人的事，所以他对病人的痛苦无动于衷。

3. 她看来苍白而浮肿。

事实上伊玛总是红润的肤色。这是梦者想用另一个人替代伊玛。

4. 我担心可能忽略了某种器官的疾病。

如果伊玛有器官性的毛病，那责任就不在于弗洛伊德的精神治疗。潜意识中弗洛伊德想逃避责任。

5. 我马上叫来M医生，他重复了检查。

这是害怕自己治疗不对，几年前弗洛伊德曾因治疗错误而发生了一项医疗事故。这既是对这项医疗事故的内疚，又是对下一次医疗事故的害怕。

6. M医生是苍白的，他的下巴刮得很干净而且略有些跛足。

M医生事实上也是苍白的，刮光下巴而跛足则另有其人，梦者将这两人混合在一起，是为了报复他们最近对梦者提出的一个建议的反对。

7. M医生说："这是感染，但不要紧，生了痢疾后，毒就会排掉。"

初看起来，这梦境很荒谬，但弗洛伊德通过自由联想，浮现出他的女儿也患过这种病，那段令人焦虑的时光的刺激依然潜存在意识中。

弗洛伊德最后总结说，这个梦的目的是为了证明他对伊玛的未治愈的症状是不应负有责任的。因为他在梦中把精神病转换为器官病，同时对伊玛的不顺从治疗进行责备，以及M医生的抵触意见的报复，而这些就是梦者在现实中心中所想而嘴中未说出来的潜意识，于是弗洛伊德得出结论说：

> 目前，我满足于已经获得的一个新的发现：如果采取这里阐明的析梦方法，就会发现梦确实具有一种意义，它绝不是这一学科的作者们力图使人们相信的"梦是皮层分裂活动的产物"。而当解析工作完成后，便可发现，梦是一种愿望的满足。⑤

由此所见，弗洛伊德的析梦就是通过将自由联想的梦的情境分成单独的元素，进行分析，而后推广到整个的梦，揭示出被层层意象所包裹的无意识，析梦的目的就是发现这些无意识的思想，也即深藏在无意识中的愿望。弗洛伊德还总结出析梦时必须遵循的三个重要规律：

1. 梦的表面意义无论是合理的，还是荒谬的，我们都不要在意，也不要理会；这绝不是我们要寻求的无意识的思想。

2. 我们的工作应该自由联想出梦中的意象，至于这些意象是否合理，我们不要管它，而它们和梦的元素是否相离太远，我们也不要顾虑。

3. 必须耐心地等待我们所要寻求的那些隐藏的无意识思

---

⑤ *Studienausgabe*, Band II, s. 140.

想自然而然地出现。

梦不是真实的，梦是一个化了装的代替物，是无意识戴着面具进入睡眠中进行的活动，我们通过这一代替物联想到的代替物来提供一种线索，而将隐藏在梦内的潜意识的思想带入意识之内，揭开意识的面具，还其本来的面目。

由此，弗洛伊德引进了两个新的名词：梦的显意（manifesten Trauminhalt）和梦的隐意（latente Traumgedanken）。我们所做的梦可以称之为梦的显意，即我们一般所说的梦境，弗洛伊德有时亦称之为梦的元素。而梦背后所隐含的意义，那由联想而得到的，则是梦的隐意或隐念。弗洛伊德认为，显意与隐意虽然有联系，但有实质的不同，二者的关系犹如谜面和谜底、译文和原文的关系。具体说来有以下四种：

1. 只有显意，没有隐意。有时一个梦可以直接说出它的意义，因此这个梦只有显意而没有隐意。

2. 显意是隐意的一部分。梦的显意是其隐意的一部分，不过是一段罢了。梦的无意识思想，有一小部分闯入梦里，成为片段，或暗喻，有如电报码中的缩写。析梦就得将此段暗喻凑成全义。更多的则是要寻求梦的隐意，也就是剥开无意识的画皮。

3. 以意象代替思想。比如一个梦者梦见自己登高以远望，梦者在自由联想时记不起有登山的事，反而记得某友人正刊行一种名为 Rundschau（评论）的杂志，以讨论人类和地球上最远部分的关系；所以梦者自以为是一个"评论者"(Rundschauer)，才是梦的隐意⑥。在这里，显意与其说是隐意的化装，不如说是它的代表——一种由字音引起的可塑性的具体意象。

显意与隐意，也即是说梦的元素与隐意之间的关系还有更重要的第四种：象征。

什么是梦的象征？弗洛伊德说："我们可以把梦的元素与对梦的解析的固定关系，称之为一种象征的关系，而梦的元素本身就是梦的隐意的象征。"⑦

梦的象征作用在梦理论中有很重要的作用，用弗洛伊德的话说："象征作用或许便是我们梦的理论中最引人注目的部分。"⑧ 象征和被象征的观念的关系固定不变，而后者又似乎是前者的解析，这就有点像古人的详梦了。因为有了象征，所以能够在某种情形之下解析一梦而不必询问梦者。假使我们知道梦中常有的象征，便可立即析梦。

梦的象征作用不是弗洛伊德首创，除前述所说古代详梦者外，其后有许多心理学家专门研究过梦的象征作用。弗洛伊德的创见在于"梦中大多数的象征都是性的象征。和性有关的事物很少，而其用以象征的数目则多得不可胜数"⑨。弗洛伊德列举了下列象征：

---

⑥ Rundschau：在德语里有两种意思，一种是指评论性杂志；一种是指环顾、展望。这个梦者想做一个"评论者"(Rundschauer)，所以梦中以登山"远望"(Rundschau)这一意象体现出他的这一潜意识思想。
⑦ *Studienausgabe*，Band I，s. 160.
⑧ *Studienausgabe*，Band I，s. 160.
⑨ *Studienausgabe*，Band I，s. 163.

象征男性生殖器的东西有：

1. 神圣的数目三是整个男性生殖器的象征；

2. 长形直竖之物，如手杖、伞、竹竿等；

3. 有穿刺性和伤害性的物体——即种种利器：如小刀、匕首、枪、矛、军刀等；

4. 种种火器：如枪炮、手枪等。少女在梦中受到枪的威吓即是象征性的攻击。

5. 以水所流出之物为象征：如水龙头、水壶或泉水。

6. 以可以拉长之物为象征：如有开关的灯、自由伸缩的铅笔等；其他的铅笔、笔杆、指甲锉刀、铁锤以及其他器具等都是男性生殖器的象征。

7. 阳具因具有违抗地心吸引而高举直竖的特征，因此也用飞机、气球、飞船等为象征。梦者若是梦见自己高飞，实则是象征为性兴奋。

8. 有些还以鱼、爬虫，尤其是蛇作为象征；此外还有以帽子和外套作为男性生殖器象征，或以手脚代表阳具如此等等。

女性生殖器则以一切有空间性和容纳性的事物为象征。如穴和坑、罐和瓶、大箱小盒、口袋等；有的象征子宫：如碗柜、火炉，尤其是房间。与此相应，房间的门户代表阴户，各种材料如木和纸以及其制品如桌、书等都是妇人的象征。就动物而言，蜗牛、蚌是妇女的象征；就人的身体而言，嘴代表着阴户；就建筑物而言，教堂和礼堂也是其象征。

乳房也属性器官，苹果、桃子等水果可作其象征，此外山水的风景可代表女性器官的繁复部位。

珠宝盒代表自己的"宝贝"爱人，糖果喻为性交的快感。

手淫则以滑动、溜动及折枝为喻，尤其是掉牙和拔牙更是手淫的象征，其要义在于潜意识中因惧怕手淫而联想到宫刑，于是有此象征。

性交的象征则不多，一些有节奏的活动如跳舞、骑马、登山可为其象征，又如受到暴力的待遇如为马所踏和为武器所威胁等可为其象征。

第三节　从儿童的梦看梦的性质

从上文我们可以看到，梦是经过化装的欲望，那么是否有更好的令人理解的未经化装的或很少化装的梦呢？弗洛伊德说，儿童的梦具有这一特点。他认为，儿童的梦简短、明白、易于了解，其意义虽没有成人之梦含糊，但仍然不失为梦。

下面是几则儿童的梦：

1. 一个一岁又十个月的小孩要送别的孩子一篮樱桃作为他生日的礼物。他显然不愿意，虽然他自己也可得到一些樱桃；第二天早晨，他说他梦见那个孩子已将樱桃吃完了。

2. 一个三岁又三个月的小女孩第一次到湖中游泳。返回时，她放声大哭，因为她意犹未尽。第二天早晨，她说她昨晚又梦见在湖里游泳。我们可以猜想，在梦中，她游的时间一定比在白天游的时间还要长。

（3）一个五岁又三个月的男孩与家人游山，他曾听人说到过此山，并心仪已久，因为山上有一个小屋。在去在路上，他不断用望远镜看途中的山，并问是否即是此山，可是每次都是否定的答复，于是他渐渐扫兴。人们告诉他，必须在山上走六个小时，才能达到山顶。在晚上休息时，他做了一个梦，梦见自己在山上走了六个小时，并走到山顶上的小屋之中了。由此可见，他这次旅游的主要目的即是如此，而在梦中先行达到了。

从儿童的梦中，弗洛伊德得出了以下几点：

1. 儿童的梦无须分析，也无须追根溯底，即可以知道：**每一梦都是前日的经验之继续**，每一梦都是心灵对前一日的经验在睡眠中的反应。

2. 儿童的梦都是完全的，可以了解的心理动作，**梦是有意义的**。

3. 这些梦都未经过化装，所以用不着解析，其显意与隐意相互一致。由此可以断定，**化装不是梦的主要属性**。

4. 儿童若对日前的经历感到遗憾、抱有希望或不曾满足希望，就以做梦为反应。儿童借梦以直接满足这个愿望，毫无掩饰。**梦是愿望的满足**。

5. 由儿童的梦，我们可以看到梦的功能。如果说梦是对心理刺激的反应，则梦的价值就在于使兴奋求得相当的发泄，以消除其刺激而使睡眠继续下去。**梦不是睡眠的捣乱分子，而是睡眠的保护人**。有梦的睡眠比没有梦的睡眠睡得安稳。

6. **梦起因于愿望，梦的内容即在于满足这个愿望。**梦不仅使心中的意念有发泄的余地，有表示的机会，而且借助幻觉的方式，来满足愿望，白天的想继续游泳，在梦中借幻觉变成了正在游泳。

7. **梦具有过失相同的心理机制。**我们知道，过失是两相相互牵制的倾向作用的结果，梦也是如此。对梦来说，被牵制的意向是睡觉，牵制的意向是心理刺激。弗洛伊德将这种心理刺激称为（力求满足的）愿望。他认为，梦同时还是一种调解的结果；我们虽然处在睡眠状态，却仍可经历愿望的满足；我们满足愿望的同时，还可以睡觉。所以这两种倾向各有一部分成功和一部分失败。

8. 我们知道"白日梦"是愿望、野心和情欲的满足。我们常对人们说："你别做白日梦了！"这意思说的是你不要去进行无谓的幻想，可是人们由于在现实中达不到自己的目的，所以只能从幻想之梦中寻求满足。可见，白日梦也与儿童的梦一样可以消除刺激、导致满足。**白日梦也是满足愿望的一种心理活动，**这也就是为什么人们会做白日梦的一个原因了。

此外，弗洛伊德还援引一些日常的俗谚加以说明。比如在德语国家有这样的俗语："猪梦橡实，鹅梦玉米，小鸡梦的是谷粒。"这些谚语已由儿童降至动物，其中包含的思想也是：梦的内容是愿望的满足。无论何种谚语，都没有说，也决不至于说与自己愿望相反的事，比如说猪鹅梦见被宰杀的。日常的习语中也不乏梦是愿望的满足的例子："美妙如梦""此事为梦想所不及""连最荒唐的梦也不能有此想象"等，无不表达了这样的思想。

弗洛伊德总结说，从儿童的梦中，我们几乎可以不费力气地得到梦的许多知识，甚至于一般性的结论：

1. 梦的功用在于保护睡眠；
2. 梦由两种相互冲突的倾向而起，一要睡眠，一要满足某种心理刺激；
3. 梦是富有意义的心理活动；
4. 梦有两个主要的特征，即愿望的满足和幻觉的经验。

弗洛伊德认为，所有的梦都具有这些特性。但是，为什么儿童的梦能如此清楚明白地表明这些特性，而成人的梦则不能呢？这是因为成人的梦已经经过多次化装，所以不能立即加以判断，而要用精神分析的方法对之进行解析。下面我们来看看，梦是如何进行化装的。

第四节　梦的检查作用

为了弄清楚成人梦的根源，剥开梦的化装作用，我们必须了解：化装的起因（即动因）、化装的功用、化装的方法。

弗洛伊德举了一个深受教育、年高德劭的妇人之梦：

梦是关于第一次大战时的"爱役"（Liebesdiensten）的。"她到第一军医院去，对门警说要进院服务，须和院长一谈。她说话时，非常着重'服务'二字，以致警官立即觉察她所指的是'爱役'。因为她是一个老妇人，所以警官有些迟疑，后来，才允许她进医院，但是她没有去见院长，却走进一个大暗室内，室内有许多军官、军医或站或坐于大餐桌之旁。她对一个军医说明自己的来意，他也立即理会她的意思。她在梦里所说的话仿佛是：'我和维也纳的无数妇女准备供给士兵、军官或其他人……'最后变成喃喃之声。然后她一看军官们半感困惑和半怀恶意的表情，便知道他们已领会她的意思了。她又继续说：'我知道我们的决定是很古怪的，但是，我们都十分热诚。战场上的士兵，决没有人问他是否愿意战死的。'然后是一分钟难堪的静默，军医就将两臂抱住她的腰说：'太太，假如真的这样，那……（又继以喃喃之声）'她脱身而退，想道：'他们大概都是一样的。'于是回答说：'天啊，我是一个老妇人，或许不至于有这回事吧。有一个条件是不得不遵守的；年龄上总得加以注意，一个年老妇人和一个小孩子或许不……（喃喃）；这简直太可怕了……'"

这个梦在几个星期之内做过两次，虽然略有变动，但变动之处都是无关紧要的。

弗洛伊德认为，这个梦可以作为分析梦的检查作用的典型例子。从这个梦中可以看到，有许多语气忽然断了的地方，其中有三个地方似乎变得模糊不清了，语气一断，便代以喃喃之声。梦中的根本意义虽未加分析，但从"爱役"二字可寻其踪迹，而喃喃声之前的断续之言，可据其余意加以续补。补足之后，便可得出这样的大概：意思是说梦者随时准备献身尽职，以满足军队中各色人员的性的需要。这的确是一种可怕的幻想——但是，在梦中却完全没有谈起此事，每当前后关系中应当有所表露的时候，便在显梦内出现模糊不清的喃喃声；这些秘密意义已受压抑或消失了。

弗洛伊德说，这种压抑在我们的日常生活中也比比皆是。例如，任何一份具有政治色彩的报纸，都会发现被删除得满目疮痍，报纸上屡有空白。为什么有这些空白呢？就是因为有新闻检查官所不赞许之事。当然，有时被检查的并不是全句，而是某段的大意，于是检查官责令编辑将这些句子化硬为软，或略加修饰，或仅暗示影射。于是新闻中不再有空白，但是由那些转了弯而欠明了的表达语句，便可知著者在执笔的时候，内心已做过一番检查工作了。

根据这个比喻，弗洛伊德认为，我们梦里删去的或伪装成喃喃之声的话，也必定是检查作用的牺牲品，并且用梦的检查作用（die Traumzensur）这个名词，用来说明梦的化装原因之一。每当显梦中有断续之处，我们就知道这是由于检查作用在行使其权力。或者，更进一步说，凡是在其他较明确的成分中，出现一种在记忆里较欠明确、比较模糊、比较值得怀疑的成分，那么就可以说明这正是检查作用的证据。但是，弗洛伊德认为，梦的检查作用一般不像"爱役"这一梦例那样明快，而更多的则是采取上述的第二个方法：即用修饰、暗示和影射来代表真正的意义。

除了删除以及修饰、暗示和影射这两种新闻检查中所具有的特点以外，梦的检查工作还有第三种，那是任何新闻检查工作都无法比拟的。这种作用就是"重心的移置和改组"。用一句中国话说，就叫作"王顾左右而言他"，转移人们的视线。在梦里，其表现就是梦的显意大大不同于隐意，以致不再有人怀疑隐意的存在。这种移置改组作用，是梦的主要化装作用之一，它使梦者不承认梦的隐意即他内心的真实思想，这也就是为什么析梦之难的缘故。

但是，这种检查作用并不是脑中的一种什么物质所起的作用，不要以为有一个"脑中枢"产生了这种检查力量，那个中枢一旦受伤，这种力量就随之停止，这种"检查作用"仅仅是弗洛伊德剥开梦的伪装的一个动力性的名词，以揭示梦的机制，至于这种力量的实施者和接受者各为何种倾向，则无法确知，也不必确知施行检查的是何种倾向，而接受检查的又是何种倾向。从上述梦的分析我们可以发现，施行检查的是梦者清醒时所承认或赞许的倾向。当析梦者向梦者说出其梦的隐意时，梦者表示否认有这种隐意的思想，此时梦者就是在促进检查作用和化装作用的动机。区别仅在于，梦者清醒时加以否认，是处于有意识状态，而在梦中则处于无意识状态。接受检查的则是具有令人不愉快性质的倾向。这种倾向往往是违反伦理的、审美的或社会的观点，我们平时根本想都不敢想，纵使想到也是应深感痛绝的观点。

那么，为什么有这两种相互对立的两种倾向呢？弗洛伊德认为，这是由于"力比多"在快乐原则的支配下进行发泄的缘故。力比多为了发泄自己的力量，由于在日常生活中，人们在清醒的自我控制之下，对它进行了压抑，所以，它便选择在夜间的梦里，自我控制比较松懈之时，偷偷地溜进我们的梦中。由于没有自我的严格控制,力比多就肆无忌惮地选取一般人所禁止的事物作为自己的对象;不论是他人的妻子还是与自己有血缘关系的人尽情地发泄出来。但是正如我们上面所述,梦的本性并不是邪恶,梦的功用在于保护睡眠,而且在梦中,我们的自我也并不是休息了、不起作用了,所以,当一些邪恶的成分出现在梦中时,自我就对它进行检查,不让它直截了当地入梦,而是以伪装的方式在我们的梦中表现出来;或者直截了当地加以压抑,这就是梦的伪装作用的根源。

第五节 梦的工作

隐梦变作显梦的过程叫做梦的工作 (die Traumarbait),反过来说,由梦的显意回溯到隐意的历程就是释梦工作 (die Deutungsarbeit)。释梦的目的就是推翻梦的工作,使隐梦化为显梦。弗洛伊德把梦的工作分为四种:

1. 压缩作用 (Verdichtung)。所谓压缩就是说显梦的内容比隐念简单,好像是隐念的一种缩写似的。比如在梦中,你梦见一个人穿着甲的衣服,从事丙的职业,模样却又是丁,将三个人压缩成一个人。压缩的方法通常有三种:(1) 某种隐念的成分完全消失;(2) 隐梦的许多情节中,只有一个片段侵入显梦之内;(3) 某些同性质的隐念成分在显梦中混合为一体。这三种方法我们在前面弗洛伊德自己的梦中即发现了。

压缩使梦变得模糊，在梦中，一个明显的元素同时代表若干个隐含的元素，而一个隐念又可化为若干个明显的元素。同时析梦时就要利用联想的方法将其一一呈现出来，等到解析了全梦之后，才能真正揭示梦的隐意。

2. 移置工作（die Verschiebung）。移置工作有两种方式：（1）一个隐念的元素不以自己的一部分为代表，而比较无关系的他事相替代，其性质略近于暗喻。但它与日常的暗喻又不相同，因为日常的暗喻有比较清楚的联系，而梦中的暗喻的联系则浅薄而疏远，几乎是张冠李戴，比如前面所讲的象征作用中，有许多即是其例。（2）在梦中，梦的重点由一重要的元素移置到另一不重要的元素之上。梦的重心既被推移，于是梦就似乎呈现了另外的一种形态。弗洛伊德举了一则小故事来讲述这一作用的表现：某村有一个铜匠犯了罪，要处斩。但是村内只有一个铜匠，却有三个裁缝。因此，铜匠不能死，只得以一裁缝代之。

3. 将思想变为视像。视像是梦的主要因素之一，而将思想变为视像也就是梦的主要工作了。在梦中抽象思想是如何变为视像的呢？弗洛伊德说，只要想一想人们在做梦时按文绘图的方法即可明了。我们在将文字化成图画时是将抽象的思想具体化，然后再化为图画。梦的工作也是一样，只不过比较牵强自己。比如在梦中将破坏婚约的观念还原为某种器物的损坏，或者断臂折肢之类。一些抽象的语词如"因为""所以""然而"等连词，也可以在梦的形式转换中表达出来。如一个简单的起始的梦与后来详尽的主梦，往往有导引或因果的关系。梦中情景的转变则为次要的隐念的代表。一夜里的几个梦往往仅只一个意义,表示梦者曾努力将一个不断加强的刺激加以渐趋完满的控制。而在一个单一的梦中,一个特别困难的元素,可用好几个象征作为它的代表。

4. 润饰作用 (sekündären Bearbaitung)。在析梦时,我们不能用这一部分显梦再解析另一部分显梦,好像梦是相互连贯、表里一致似的。事实上,大多数的梦只是各种意象毫无规则地连接在一起,就像用水泥将各种石块黏合在一起一样,其实,表面的界线完全不是里面原来各石的界线。梦的工作也有这样的一种机制,名为"润饰"。其目的在于将梦的工作的直接产物合成一个连贯的整体;在润饰时,梦的材料往往排成与隐念大相违背的次序,而为了达到这个目的,就有无所不至的交叉穿插。

以上就是梦的四种工作。此外别无其他。通常人们所说的梦中所有的判断、批评、惊异或演绎推理等表现都不是梦的工作。梦话也不是梦的工作所创造的,除了少数例外,梦话都是梦者自己日间所闻或所说之言的模仿和补充,进入隐念而成为梦的材料或诱因。

第六节 梦形成的程序和机制

弗洛伊德在分析梦境的基础上,不仅提出了"梦的工作"的假设,而且还深入探讨了梦形成的程序和机制。

前面讲到,弗洛伊德认为,梦的形成是无意识和前意识冲突和合作的产物。无意识和前意识、意识这三个系统构成一个整体的系统，它们之间具有一个检查作用来控制三个系统之间的交流，梦就是在这个精神机构之中形成的，不过，不同的梦有不同的形成过程。

1. 概念性的梦

弗洛伊德认为，梦形成的原动力位于无意识系统中，但它必须与前意识的梦思想取得联系，从中选择必要材料。如果无意识和前意识的门口上检查者的阻抗力减弱，被无意识选择的梦思想的材料得以直接进入前意识中，此时，我们梦到的就是概念性的材料，如梦中的说话、计算、论、词语等。不过我们大多数的梦是幻觉性的梦，而这种梦也是弗洛伊德析梦的出发点。

2. 幻觉性的梦

这种梦是由于检查作用的阻抗，使无意识的激动由前意识边界上倒退到知觉端，使原有的记忆痕迹发生幻觉性复现。弗洛伊德曾以精神机构的图式来说明梦形成的这个程序。如图：

```
         ←――――――― 倒    退（2）―――――――
    知觉   记忆   记忆              无意识   前意识
                                             ↗
                   - - - - -            (1)
                                                      运动
         ―――――――― 前    进（3）――――――→
```

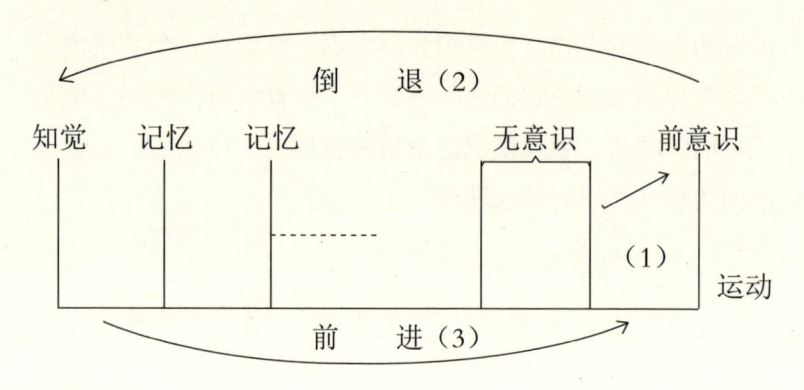

说明：

(1) 无意识情境或幻想延伸至前意识。

(2) 从检查作用的边界退回到知觉地带上来。

(3) 再次前进进入前意识，从而产生幻觉性的梦。

　　弗洛伊德在后期对梦的理论做了一些修改。修改的要点在于，"梦是愿望的满足"这个命题并不是一个十全十美的命题，这个命题还存在着一些例外。这一修改首先是在《超越快乐原则》中提出来的。在这篇文章中，弗洛伊德提出，有外伤性神经症患者的梦，并不是愿望的满足。这种梦是希望把早已忘怀的被压抑的创伤发生时的情景回想起来。这种梦是服从强迫重复（Wiederholungszwang）而产生的。所谓强迫重复是指有机体生命中有一种恢复事物某种最初状态的需要，而一切生物的原始状态都是无机状态，因此，一切生命最终的目标乃是死亡。因此强迫性原则是比快乐原则更加原始更加本能的东西。基于此，弗洛伊德认为，当心理活动受快乐原则支配时，梦是愿望的满足，而当心理活动受超越快乐原则（Jenseits des Lustprinzips）支配时，梦则不是愿望的满足，而是服从强迫性原则的梦。

在《精神分析引论新编》中，弗洛伊德又做了进一步的修改。这种修改主要认为，梦是愿望的满足这一观点有两个缺点：一是梦中创伤性情景难以用愿望说来解释，二是儿童梦中也有焦虑、失望、痛苦这些被压抑的性经验，它们又是何以入梦的。因此，弗洛伊德把"梦是愿望的满足"（der Traum ist eine Wunscherfüllung）改为："梦是企求一种愿望的满足"（der Traum ist der Versuch einer Wunscherfüllung）。但是弗洛伊德认为，这两个观点之间没有本质的区别，只因前者有一个例外，即"潜意识的创伤的执着，似为梦的机能的最大的障碍物之一。睡眠者不得不梦，因为压抑既入夜而松弛，所以创伤的执着得以进行向上冲的活动；梦的工作本欲将创伤的记忆化为愿望的满足，但终究不能遂愿"[10]。所以只是一种"企求"。

---

[10] *Studienausgabe*, Band I, s. 471.

第五章　神经病通论

第一节　歇斯底里研究

人类对于精神病症的研究探讨，在 2000 多年前的古希腊就有记载。在希罗多德（Herodotus，约公元前 484 年—前 425 年）的历史著述中，就已有歇斯底里病症的记载。"歇斯底里"（hysteria）一词就是从希腊文 *ὑστέρᾱ*（子宫）导源而来。希罗多德在其著作中说明了所以命名为"歇斯底里"，是源于当时巫婆的见解，巫婆见女性患者动作混乱，表现异常，认为是性的过度压抑的结果，因而把病源归于女性的 *ὑστέρᾱ*（子宫）。从此，歇斯底里逐渐成为病名并见于医典。柏拉图对歇斯底里有一篇充满神话色彩的叙述，并概括了希罗多德关于歇斯底里学说的具体内容。在他看来，子宫是生殖欲很强的"动物"，当它得不到满足时，自感羞愧，全身乱窜，阻塞孔道，停止呼吸，造成极度危害，形成各式各样的病症。西方医圣希波克拉底（Hippocrates，约公元前 460 年—前 370 年）认为，子宫乱窜是歇斯底里发病的机制，试图用阿魏胶的恶臭驱赶离位的子宫复位。

中世纪对歇斯底里的认识依然停留在古希腊水平上。而且由于宗教迷信,有关歇斯底里的看法更加荒谬。欧洲各地对于精神病或心理失常广泛地流传着一种传统的迷信看法,认为它的造成是由于患者的机体内侵入了魔鬼,即东方所谓"中了邪",治疗的方法是对身体进行野蛮的拷打,或采取其他的手段,要把魔鬼从人体内驱走。直到十七世纪末,才逐渐对精神病患者禁止使用残酷的方法。

十七世纪,号称为英国"希波克拉底"的医圣T·西登南(Sydennan, 1624—1689),将精神病学的研究推进了一步,他发现,歇斯底里不仅妇女有,就是没有子宫的男人也有,患歇斯底里的病人,几乎模仿所有的疾病,歇斯底里发生在人的哪个部位,哪个部位就发生典型的病变症状。他得出结论说,歇斯底里发作的根本原因是由于"情绪"造成的。十八世纪,法国人皮奈(P. Pinel, 1745—1826),则首先肯定心理失常是一种疾病,而不是什么中邪,因此,设法从医学上加以医治。十九世纪后期,弗洛伊德的老师沙可和让内将精神病的研究大大地推进了一步,他们通过大量的临床观察和治疗,系统地研究了歇斯底里病症,明确地划分了歇斯底里的恒定症状(痕迹症状[stigmata])和一时发作的表现,强调移位因素(神经质)和情绪在歇斯底里病因学上的重要性,在医学界产生了广泛的影响。

弗洛伊德正式开始研究歇斯底里病症,是由于布洛伊尔的启发。

布洛伊尔当时正在治疗一位歇斯底里病患者,名叫安娜·欧(Anna O)。安娜是位才华出众的姑娘,受过相当好的教育,她在护理父亲时得了歇斯底里症,她非常爱自己的父亲。当布洛伊尔接过这个病人时,她正处于一种痉挛性麻痹、抑制和精神错乱的复杂状态之中。一个偶然的机会使布洛伊尔发现,如果使她说出她所受支配的情感感觉,那么,她这些意识模糊状态便可以消除。从这个发现中,布洛伊尔得出了一种新的疗法:他设法使安娜进入深度催眠状态,每次都让她讲压抑她思想的是什么东西。在催眠状态中,她讲到,在她守护在她父亲的病床旁的时候,曾经出现过某种不得不压抑的思想或冲动。于是代之而起,便出现了后来的这种症状作为代替,当她讲出了这些被压抑的思想之后,她的病就得到了好转:

> 那是在一个天气非常炎热的夏天,这位病人渴得要命,因为根本无法解释的原因,她竟然不能喝水了,她拿着一杯水,很想喝下去,但水杯一触到嘴唇,她却像恐水症患者一样,又把它拿开。她这样做时,显然有几秒钟失神状态(in a absence)。她只能靠瓜果等来解除难熬的干渴。这样持续了六周,有一天,在催眠时,她突然抱怨她的那位令人讨厌的"保姆",她继续带着厌恶的口吻说着,她怎样进入这位保姆的房间,看到她的那只可怕的小狗怎样从一只杯子里喝水。只是出于礼貌,她才没有说什么。在更加强烈地表达了她曾压抑着的这种愤怒之后,她要求喝水,而且毫不费力地喝下了大量的水,她从催眠中醒来时,水杯仍在嘴边;从此,这种心

理紊乱便消失了,而且从未复发。①

布洛伊尔称他的这种方法为"谈疗法"(The Talking Cure)或"烟囱扫除法"(Chimmney Sweeping)。后来又称之为"宣泄法"或"净化法"(Catharsis),这一术语来源于亚里士多德,按照亚里士多德的理论,悲剧可以使观众解脱(净化)恐惧和怜悯的情感,其方法是迫使观众以缓和的方式去体验这两种情感。

弗洛伊德自己也利用布洛伊尔的"宣泄法"来治疗病人,在《关于歇斯底里的研究》中,弗洛伊德所用的第一个病例是伊米夫人(Emny),伊米夫人从1889年5月1日开始接受"宣泄法"的治疗。在治疗中,他使用了"梦游法"(Somnambulism),同时进行暗示、推拿、洗浴等方面的方法。他在治疗中得知,精神治疗的效果取决于病人与医生的关系的改进。如果双方关系不好,就会使所有疗法失效。有一天,病人突然用双臂搂住他的脖子,好在进来的工作人员把弗洛伊德从尴尬处境中解救出来。

弗洛伊德与布洛伊尔在不断地研究中,取得了相当大的成果,1895年,他们两人共同合作,把这些研究成果加以系统整理,出版了《关于歇斯底里的研究》(*Studien über Hysterie*)。在这本书中,他们共同讨论了歇斯底里现象的心理机制,布洛伊尔讲了一个病例,弗洛伊德讲了四个病例,接着布洛伊尔从理论上阐述了这一病症的治疗方法,弗洛伊

---

① *The Standard Edition*, vol. 2, p. 34.

德则讲述了歇斯底里的心理治疗。下面我们主要介绍一下他们对歇斯底里病症的心理机制的探讨。

弗洛伊德和布洛伊尔首先认为：**大多数形形色色的症状，它们看起来是自发的，或者可以称之为歇斯底里的自发症，实则它们和促发性创伤**（the precipitating trauma）**有准确的联系，就像我们上面所说过的一样，并且清楚地表现这种联系**[②]。

这种"促发性的创伤"与歇斯底里的联系表现为三种：

1. 某一"促发事件"（precipitating event）引起某一特殊的现象，而不会引起别的现象。在这一情况下，这一症状显然是由这一"引发原因"（precipitating cause）决定的。比如，在吃饭时引起，但又同时被压抑下去的一种痛苦情绪所导致的恶心和呕吐，可以以歇斯底里呕吐的形式持续若干月。一个女孩子在可怕的焦虑状态下守候的病榻旁边，当她的右臂挎在椅背上行将入睡的时候，陷入一种朦胧状态，并且发生一种可怕的幻觉；从此以后，她的这条臂就进入伴有抽搐与麻痹的瘫痪状态，她试着要祷告，却寻不出合适的字眼，最后，好不容易才重复了一个小孩子用的英语单词。后来她的病发展为严重而非常复杂的歇斯底里，此时，她只能说、写和听懂英语，而对自己的原有方言，则有十八个月一直不懂。这种由一个引发原因而导致另一事件的病情，"促发性创伤"与歇斯底里病症之间的联系一目了然。

2. 它们之间的联系不甚明了，只是有一种可以称之为

---

② *The Standard Edition*, vol. 2, p. 4.

"象征性的关系"(symblic relation)存在于引发原因和病理现象之间,就像一个健康的成人在梦中所表现的那样。比如,神经痛可以跟随在心理痛苦之后,呕吐可以跟随在一种道德上的厌恶之后。

3. 这种情况是,初看起来,很难理解其中的联系如何能用我们上面的方法所确定,而需作进一步的讨论。这症状是:半身麻木、视野缩小、癫痫式抽搐等。

根据引发原因与症状之间的这些联系,他们进一步确定了起作用的病因,这又分为两类:

1. 创伤性神经病:这种神经病起作用的原因不是那种微不足道的损伤,而是恐惧的影响——心理创伤(the psychical trauma)。弗洛伊德和布洛伊尔认为,"任何一种引起不愉快情感的经验如:恐惧、焦虑、羞愧或身上的疼痛,都可以引起这种心理创伤的作用"③。当然,至于为什么有人因此而致病,有人却没有什么事,完全是受个人神经的敏感程度而定的。

2. 普通歇斯底里:引发这种病症的不是单个的重大创伤,而是"由许多局部创伤构成的**病因群**"(a number of partial traumas forming a group of provoking causes)。它们只能由于综合作用而起创伤性的影响。而且只有当它们在某种程度上是整个痛苦经历的成分时,才彼此结合在一起。另外,一个显然细琐的情景和真正起作用的事件结合在一起,或者发生在一个对刺激特别敏感的时候,因而取得了创伤的

---

③ *The Standard Edition*, vol. 2, p. 6.

实际作用，否则，它并没有这种作用，但这样取得的作用可以延续下去。

> 但是，起决定作用的心理创伤和歇斯底里现象之间的因果关系，并不仅指这种创伤只是取一个释放症状的挑动作用，而症状被引起后就独立存在下去。我们宁可认为，心理性的创伤，或者更准确地说，关于创伤的记忆，就像进入身体中的异物一样，必须把它看作仍起作用的动因。我们在一个非常值得注意的现象上发现这种例证，这一现象同时也使我们的发现有了重大的实用意义。④

但是，为什么这些引发事件在经过这么长的时间以后还没有淡忘呢？这些引发事件在隔了如此久远之后，为什么还会起作用呢？

弗洛伊德和布洛伊尔认为，记忆的淡褪或其情感的丧失取决于若干不同的因素。其中最重要的是对激发这种情感的事件曾否有一个强烈的反应。换句话说，在这些事件刺激我们的时候，我们是否把我们对它们的感情发泄出来。如果有反应，或者说，如果情感发泄出来了，那么情感的大部分就会因此而消失。就像我们平时说的，"你想哭就哭出来吧，也许这样好受些"，或者说"有脾气就发出来，不要憋在肚子里"，否则就会得"心病"。

---

④ *The Standard Edition*, vol. 2, p. 6.

大致说来，发泄情感的方式有三种：第一种是通过言语表达出来，如叙述、抱怨、申诉等都是发泄的方式。第二种是通过行动表现出来，如反击、报复等方式。第三种是抵销，即创伤事件与其相反事件相中和。例如，一个人从汽车底下死里逃生，他既有险情的记忆，又有脱险的庆幸，自慰自己福大命大，内心的窃喜抵消了遇险的后怕，日后他可能害怕汽车，但心中却不曾存有芥蒂；又如，一个人某次受了辱，但是他认清了受辱的原因，能够正视它，等等。

但是，为什么会有发泄不了的"引发事件"呢？这是由于这类创伤的刺激不易发泄。这可以分为同类情况：

第一类是这种创伤的性质不容有所反应。例如在亲人死亡这种显然无可补偿的情况下，或者社会环境使一个反应成为不可能的，或者它是患者愿意忘却的事情，因而立意要把它从有意识的思想中排挤出去，从而使它受到压抑。例如修士与修女、禁欲女人以及教养严格的孩子们的歇斯底里谵语。

第二类情况则不是由记忆的内容决定，而是由患者接受这一经验时的心理状态决定。比如在一种严重的无能为力的情感如恐惧的支配下接受的刺激，当时的心理状态不容有所反应，或者发生在一种确乎违常的心理状态下，当时的心理状态来不及反应。前面的那位在朦胧中因幻觉而导致手臂麻木的少女即是如此。

这两类情况当然会同时发生，而且事实上往往如此，因此，歇斯底里病症的原因是复杂的、多样的。但是由此我们可以得出歇斯底里病因的机制：

因此可以说，那些变成病理性的，以如此的鲜明性和情感强度顽固坚持着的观念，是由于对它们不能在联想不受抑制的状态下通过抵销和再生，采用正常的克服过程。⑤

弗洛伊德和布洛伊尔把这种观念称之为"类催眠状态"(the familiar hypnosis)，将这种类催眠状态下的观念群(group of ideas)称为"第二意识"(second consciousness)认为，歇斯底里病症发作的机制就在于此。

进一步看来，如果我们考虑到上面讲过的那个理论，即在歇斯底里中有在类催眠状态下所发生的那些观念群，这些观念群与别的观念割断了联想的结合，但它们彼此之间可以联合起来，从而形成了一个具有一定高度组织性的第二意识的雏形，即第二意识状态，那么歇斯底里发作就显示出一种特殊的启示。果然如此，则长期性的歇斯底里症状就该与这样的一种情况相应，即第二意识状态侵占了那种一般是由正常意识控制的身体神经支配。而另一方面则歇斯底里发作就是这种第二意识的高度组织性的证明。当这种发作首次出现时，表明在此一时机，这种类催眠的意识对患者的整个生命取得了控制作用——即表明这是一种急性的歇斯底里；当这种发作在以后又出现而且包含着一种记忆时，表明又回到了那

---

⑤ *The Standard Edition*, vol. 2, p. 11.

一时机。沙可已经指出过,歇斯底里发作是第二意识状态的雏形。在这种发作之下,对于全身神经支配的控制已移交给类催眠意识。正如熟知的观察所表明的,正常意识并非总是全受压抑,它对发作中的运动现象有所觉察,但对其伴发的心理事件就不复知晓了。[6]

正如弗洛伊德自己所说的那样,《关于歇斯底里的研究》一书中的主要成果是布洛伊尔的。的确,从上文我们可以看到,他们治疗歇斯底里病症的方法是"宣泄法",无意识(或潜意识)在这里被当作"类催眠状态"和"第二意识",他们还没有认识到压抑的机制,没有认识到性的作用,而这一切都有待于弗洛伊德的进一步探究。

第二节 神经病通论

在与布洛伊尔的合作过程中,弗洛伊德逐渐发现了"宣泄法"的缺陷,那就是"宣泄法"必须使病人进入深度的催眠状态,病人在深度催眠状态中才能宣泄自己内心的秘密,可是,弗洛伊德发现在应用这个方法的过程中有诸多的不便。首先,尽管竭尽全力,却怎么也无法使所有的病人全部进入催眠状态。其次,如果医生和病人之间的个人关系受到干扰,那么,即使最令人满意的效果,也很容易突然消失。

---

[6] *The Standard Edition*, vol. 2, p. 15.

当然，只要重新建立和谐关系，这种效果可以重新确立，但是，这种偶发事件却证明了：医生和病人之间的个人情感关系，毕竟要比整个宣泄过程牢固得多。第三，布洛伊尔认为，那些找不到正常发泄途径的歇斯底里过程，产生于异常的"类催眠"的心理状态之中，而弗洛伊德认为，这样便又产生了一个关于"类催眠状态"是如何产生的问题，也即是说，宣泄法揭示不出神经病的根本原因。弗洛伊德带着这些问题，经过临床实验和理论总结，形成了自己的一套精神分析法。

一、自由联想法

基于"宣泄法"的种种问题和困难，弗洛伊德力图找到一种无须催眠，病人即能宣泄心中秘密的方法。要找到这样一种方法是非常困难的，正当他茫然失措的时候，却想起了他在法国南锡观看到的伯恩海姆的一次实验，得到了启发。伯恩海姆的患者从催眠梦游状态中醒来时，好像一点也不记得自己于催眠状态中所做的事情。但伯恩海姆却坚信这种记忆肯定存在。他让被试者坐在椅子上，将手放在她的前额，让被试者全身放松，任由自己的思想浮想联翩。被试者按照伯恩海姆的要求，果真将在催眠状态时的情景复现出来。起初很慢，最终脑海中的记忆便如潮水般涌现出来。弗洛伊德认为，这一实验可以应用于他的临床诊断。于是他让病人躺在沙发上彻底自我放松，他自己则坐在病人的头后，这样一来，病人就看不见他，不致因此打乱病人的思绪，他不断地勉励患者回忆，有时配以手的抚摸，使病人在高度放松中将已经遗忘的事实和联系引入意识中来。在开始治疗时，弗洛伊德建议对病人进行这样的解释：

> 在我能对你讲任何事情前，我必须知道大量有关你的情况，请告诉我，你都知道你自己一些什么事情……在你开始谈之前，还有一点要交代一下。你和我的谈话必须在某个方面与一次普通的交往不同。你通常要把你要叙述的事情的几个头绪放在一起，而把所有干扰的联想和一些枝节问题排除在外，这样做的目的在于防止离题太远。在这里，你必须和前面有所不同，你将会注意到，当你叙述这些事情的时候，你头脑中会出现多种想法。你倾向于把这些想法放在一边，对它们加以评论或反对。你将受到引诱而自言自语道："在这里，这个或那个是没有联系的……它是荒唐的，没有必要提到它。"不要听从这些反对意见；即使你对它感到厌恶，或者的确正是这个缘故，你还是得提一下。今后你会领悟到，并且还能学到理解这一命令的原因，因为这是你必须听从的唯一命令。于是你把脑海中所想的一切全部讲出来。你现在就好像正坐在一列火车的车窗旁，向坐在你身后的人描述你所看到的窗外不断变化的景色。最后，不要忘了你得保证做到绝对诚实，想到什么就说什么，绝不要因为讲出一些事令人不快而干脆隐瞒不说。[7]

---

[7] *The Standard Edition*, vol. 2, p. p. 134-135.

这就是弗洛伊德所创造的"自由联想法"(Freie Assotiationen)。从上面所述，我们看到，自由联想法的要旨在于，要让自己的心理完全自由，要放松心理上的各个阻挠和批判机构：随便想什么都行，什么荒唐的、不可思议的都可以；要使自己处于被动状态，把进入意识的东西——即使自己认为没必要、没关系、没意思的东西和盘托出；但必须抓住心理中不由自主产生的东西。弗洛伊德的精神分析疗法就是建立在这个基础之上的。

二、症候的意义

精神分析学与传统的神经病学的根本不同在于，精神分析学认为，症候本身各有其意义，而且与病人的生活经验具有相当的关系；而临床神经病学则不问个别的症候有何种形式或内容。精神分析学研究的是器官的表面形态，而临床的神经病学研究的则是器官的构造，如组织和其他的构成元素。那么精神分析学是如何通过症候来揭示病因、治疗病人的呢？换言之，症候具有什么样的意义呢？让我们通过下面的例子来看一看。

有一个聪明漂亮的女孩子，年方十九，由于是独生女儿，被父母捧为掌上明珠，但是在教育上，父母对她却要求很严，她本人的智力也非常高，性情活泼、开朗，深得父母的喜爱。可是有一天，她忽然无缘无故地得了神经病，她变得动辄发怒，特别是对她的母亲，一不如意便横眉瞪眼；她不再欢蹦乱跳，整天抑郁不快，怀疑犹豫，后来竟发展为广场恐惧症，不敢单独走过广场和大街。此外还在许多日常行为上也表现得令人费解：如，她在上床睡觉之前，要做种种预备仪式。首先，要把房内的大时钟摆停止，不让它走动，并且将室内的一切小时钟搬出室外，就连床边桌上的小手表也得拿出去，窗台上的花盆、花瓶等器皿之物都得慎重地放在写字台上，因为她害怕它们在夜间跌落打碎了。她说她这样做的目的是为了睡眠时有一个安静的环境，不致因噪音吵醒了她的清梦。当然，她也知道这些要求安静的理由很难成立：小手表即使放在床边桌上，其嘀嗒之声也一定听不见，相反，大闹钟的嘀嗒声可以引人入睡。她也承认，花盆花瓶放在原处，也不会掉下摔碎。其次，她还要求自己的卧房与父母的卧房之间的门大开着。为了达到这个目的，她不惜设置种种障碍于门口，而且这一事件又与她要求安静的目的不相合。再次，上床之前的种种怪癖仪式：枕头的长枕不能和木床架接触，小枕必须迭跨长枕之上成一菱形；她睡觉时，将头恰恰放在这个菱形之上。盖上鸭绒被之前，她必须抖动被子，使被中的羽毛下降，但又必定将它压平，使鸭毛重新均匀地铺好。

这样一些怪异行为，这样的一种症候，到底是基于一种什么原因，这种症候到底具有什么样的意义？弗洛伊德分析说：钟表是女性生殖器的象征，因为钟表有周期的动作和规律的间隔，正如女性的月经周期一样。钟表的嘀嗒声可以比作性欲激动时阴核的兴奋。在治疗中，这位少女也承认，这种兴奋的感觉的确使她从梦中惊醒过。她之所以将一切钟表尽行移开，是因为害怕阴核的勃起。花盆、花瓶和一切容器相同，都是女性生殖器的象征，她害怕花瓶跌碎，就是要表明要抛弃那整个关于贞操和初次交媾流血等事的情结，也就是要摆脱会不会流血的焦急，因为，她害怕在新婚之夜不流血而有不是处女的嫌疑。这些都是弗洛伊德的解释，患者开始时坚决反对，随后又讪笑怀疑，但是后来她慢慢地引起了联想，回忆了她所有的关系。有一天，她在回忆中忽然了解到，自己之所以不让长枕与木床架接触的原因。她说，在她看来，长枕就像一个女人，而直挺挺的床架就像一个男人，因此，她好像用一种魔术的仪式，将男人与女人隔开，这即是说，要将父亲与母亲隔开，不让他们进行性交。她回忆说，在她还小的时候，就做过这样的事情。那时，她假装胆小，让她父母的卧室门与她的卧室门开着，以便窃听父母的性交，这件事情曾使她失眠了好几个月。后来她还要求睡在父母之间，以便将他们隔开。长大后，由于不能三人同床，她又装胆小，要母亲同自己交换，以便她能与父亲睡在一起。这些事情就是引起她的症状的起因。那么，她抖动鸭绒被干什么呢？弗洛伊德认为，她让鸭绒被隆起，意为怀孕。但是她又怕母亲怀孕，多出一个孩子成为自己的对手，所以又将之抚平。长枕与小枕摆成菱形是什么意思呢？长枕代表母亲，小枕代表自己，菱形代表生殖器，因为她在墙上或画上看到过这种象征生殖器的图案，而她自己则代表男人，自己的头代表男性生殖器，她睡在枕头之上，意味着性交。

这个少女睡前仪式的细节体现了她对性欲的两种看法，一种是积极的，即对性欲的要求；一种是消极的，即对性欲的反抗。弗洛伊德考察少女的生活史发现，她幼年时曾对父亲有过一种"性爱的联系"（einer erotischen Bindung），这种性爱的联系曾使她颠倒若狂。也许正是因为这个原因，所以他对于母亲的感情才如此恶劣。

一个少女的头脑里装有这么多可怕的思想，实在让人难以理解，也许有人在说，这是弗洛伊德在危言耸听、胡说八道。事实上，这位少女后来接受了弗洛伊德的分析，认同了他的诊断，并最终放弃了她的睡前仪式，成了一个正常的人。事实证明，他的理论还是可信的、有根据的。

通过这一病例，弗洛伊德由此得出结论说：第一，症候是有意义的，而不是偶然的、表面的现象。第二，症候的意义在于与病人的生活关系。症候的特点越独特，我们就越能看出这个关系之所在。因此，第三，精神分析者的工作就是要为每一无聊的观念和每一无聊的动作，求出从前这个观念所以产生和这个动作所以需要的情景。

精神分析既然认为症候是有意义的，从症候的意义追根溯源，那么症候的意义是由什么因素组成的呢？弗洛伊德说：

一个症候的意义是由两种因素组合而成的，即其来源和趋势或原因，换言之，即一是症候所由发生的印象和经验，二是症候所想达到的目的。症候的来源可以分析成各种印象，这些印象都来自外界，起初一定是意识的，后来可能因为被遗忘而成为无意识的。至于说症候的原因或趋势，表现为内心的心理历程，最初可能也是意识的，但也可能不是意识的，而是始终处于无意识状态。所以，症候的来源或症候所赖以维持的印象是否也被遗忘，就像歇斯底里病一样，是不大重要的；至于症候的趋势，一开始就可能处于无意识状态，所以，症候是完全依赖于无意识的。无论是歇斯底里病还是强迫性神经病，都是如此。⑧

三、症候形成的过程和机制

从上面的例子，我们可以看到以下几点：

1. 病人执着于过去的某一经验，而且这一经验是他在过去所受的创伤，他摆不脱这一所受创伤的经验，不能将之与过去和未来联系起来，用弗洛伊德的话说就是："他们好像借病遁世似的，仿佛古时的僧尼退隐于修道院中以度残生那样。"⑨

2. 弗洛伊德说，不仅每一病人的症候和结果都证明他们都执着于过去生活的某一时期，而且就大多数的病例而言，这过去的时期往往是生活史中最早的一个阶段，比如说儿童期，甚至更早可以追溯到吸乳期。

3. 病人的致病因素都与性的因素有关，事实上，病人是想用症候来达到满足性欲的目的，症候实际上是不能获得的满足的代替物。"对于致病的情境若加以比较研究，便可产生下面的结果，而这个结果可以简化为一个公式——就是，这些人之所以得病，是因为现实不容许他们满足性欲而使他们感到某种缺失……"症候可以解释为，他们生活中所不能

---

⑧ *Studienausgabe*, Band I, s. 283.
⑨ *Studienausgabe*, Band I, s. 273.

满足的欲望的代替品。弗洛伊德把这种需要满足的性本能称为力比多（Libido）。力比多遵循快乐原则，以各种各样的方式来满足自己的本能，以寻得快感。力比多是与生俱来的，在婴儿时期即开始起作用，一直到成年都不会停止。在婴儿时期，力比多通过身体的触摸、吃奶等行为得到满足，随着年龄的增长，社会律令不断地加诸人的身上，需求快乐的力比多常常遭到来自外界的这些律令的监察以致压抑，这种监察、压抑就是"现实原则"，现实原则是后天的周围世界加诸我们身上的力量，用来统制力比多的无法无天的需求，并设法改造它们，使之适合于我们的周围世界。

由于受到现实原则的压抑，力比多的发展不得不停滞和退化（Hemmung und Regression），有一部分力比多在与现实原则斗争中取得胜利，发泄了出来，更多的力比多则在冲突中停顿下来，有时集中于某一点，尤其是集中在受到创伤的某一点时，它们便执着于此点，受到压抑的力比多退化回来，得不到满足和发泄，便不得不以改头换面的形式再进行冲撞，这改头换面的东西则表现为神经病的症候。因此，力比多的执着和性的不满足是造成神经病的共同因素。"力比多的执着代表内心的成因，而性的剥夺代表体外的偶因"[⑩]。弗洛伊德据此而列出下列公式：

[⑩] *Studienausgabe*, Band I, s. 340.

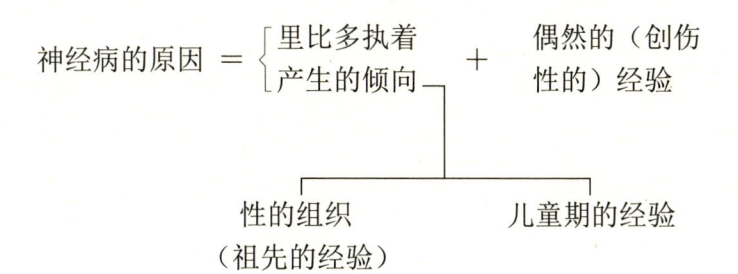

$$\text{神经病的原因} = \begin{cases} \text{里比多执着} \\ \text{产生的倾向} \end{cases} + \text{偶然的（创伤性的）经验}$$

性的组织　　　　　儿童期的经验
（祖先的经验）

第六章 无意识论

无意识学说是精神分析学的基础和核心。弗洛伊德曾经把这一学说作为精神分析的第一个基本理论前提，甚至认为精神分析学就是"一门关于无意识心理过程的科学"①。诚然弗洛伊德并非第一个发现这一现象，即我们心中潜存着我们并未注意到的，亦即无意识的思想冲动，我们过着隐秘的内心生活，但是，正如弗洛姆所说，"弗洛伊德首次使这一发现成了他的心理学体系核心，他详尽地研究了无意识现象，并获得了惊人的结果"②。

第一节 无意识论的历史

无意识的问题被历史上很多思想家涉猎过。甚至在十九世纪七十至八十年代"成为时髦的论题……对于这个概念的诸多方面的特殊应用在这一时期进行了激烈的争论"③。

---

① *The Complete Psychological Works of Sigmund Freud*, p. 264.
② 《弗洛姆著作精选》，上海人民出版社，1989 年，第 668 页。
③ *Freud and Psychoanalysis*, p. 93.

在近代，莱布尼茨（Leibniz）的单子论就涉及这一领域。莱布尼茨认为，构成人的精神单子不仅具有意识，而且具有"微知觉"（petites perceptions）和"欲望"，并且说："这种感觉不到的知觉之在精神学上的用处，和那种感觉不到的分子在物理学上的用处一样大；如果借口说它们非我们的感觉所能及，就把这种知觉或分子加以排斥，是同样不合理的。"④ 莱布尼茨还认为，这种无意识可以上升为意识，在莱布尼茨看来，"微知觉是低级的，但是微知觉的意识可以实现为统觉（apperception），岸边水浪的声音为统觉；但这一统觉乃是由许多互相冲击而不能单独侵入意识的水滴的小觉组合而成"⑤。莱布尼茨的无意识思想直接影响到其后的赫尔巴特（John Friedrig Herbart, 1776—1841），赫尔巴特认为身体的状况可以阻止一个观念的引起（如睡眠），这叫压抑作用（drück）。身体的状况也可以使一个观念易于引起（例如酒醉或狂热时），这叫强化作用（resonanz）。观念就在抑制与自由状态之间活动，但是，"一个概念若要由一个完全被抑制的状态进入一个现实观念的状态，便须跨过一道界线，这界线便为意识阈"⑥。赫尔巴特把莱布尼茨的微知觉发展为意识阈，E.G. 波林（Edwin G. Borning）认为，"弗洛伊德早年对于无意识的描写，也许直接来源于赫尔巴特，虽然实际上并非如此"。但是无论如何，它"对变态心理学

---

④ 《十六—十八世纪西欧各国哲学》，商务印书馆，1975 年，第 509 页。
⑤ *A History of Experimental Psychology*, p. 167.
⑥ *A History of Experimental Psychology*, p. 256。

影响很大"⑦。此外费希纳 (G. T. Fechner, 1801—1887)、冯特 (W. Wundt, 1832—1920) 以及布伦塔诺 (F. Brentano, 1838—1917) 都对无意识有较深的研究，弗洛伊德在读大学时还听过布伦塔诺的六门哲学课。这些人的思想都对弗洛伊德有所影响。弗洛伊德还受到叔本华哲学思想的直接影响，弗洛伊德认为叔本华的无意识的意志相当于精神分析中的精神欲望⑧。

不过，真正影响弗洛伊德的还是布洛伊尔和沙可。沙可是弗洛伊德的老师，他在医治歇斯底里的过程中看到人的意识之外还有未被人们意识到的领域，他试图通过催眠的方法在歇斯底里症患者身上将这一活动过程揭示出来。沙可的学生让内 (P. Janet) 整理了这方面的案例，揭示了大量无意识的现象。让内的研究对弗洛伊德很有启发，但是，让内虽使用了无意识一词，却没有深刻理解这一术语的重要意义。弗洛伊德后来评论说：

> 我承认，很长时间里我就已经对让内对神经病症候的解释所做的贡献不得不作非常高的评价，因为他曾经把这些症候理解为无意识观念 (idées inconscientes) 的说明。但是，此后，让内表现得非常谨慎，以至于他又认为，在他看来无意识只不过是作为一个习语 (Redensart)，一

---

⑦ *A History of Experimental Psychology*, p. 257.
⑧ 转引弗洛伊德《心理分析的困难之一》，原载于《论创造力与无意识》一书，中国展望出版社，1986 年，第 9 页。

个权宜之词而存在,并没有明确的意义。从此我就没再理解让内的阐述,但是我的意思是他已经不必要地自行损害了许多伟大的贡献。⑨

在弗洛伊德自己,无意识的学说也经历了一个从发现到成熟的过程。大体说来,可以分为三个阶段:

第一阶段是神经病理学阶段。在这一阶段,弗洛伊德通过对歇斯底里病症的研究,认识到神经病症背后,隐藏着某种东西,这种东西被人们的意识防御和压抑着,使它不能显现出来,当病症发作时,它冲破了压抑,形成一种变态的心理,发泄出来。弗洛伊德用宣泄法发现,这种东西就是以往的经验,它潜在意识的深处,因此叫作"潜意识"或"无意识"⑩。他说:

> 由分析看来,这些症状起源于无意识的精神历程,但是在各种顺利的情况下,这些历程又可以被变成为无意识的……不仅症状的意义是无意识的,而且症状和无意识之间还存在一种互相代替的关系;而症状的存在只是这个无意识活动的结果……我们每遇到一个症状,便可断定病人内心有某种无意识的活动,包含着症状的意义。反过来说,这个意义必定是无意识的,所以症状才能发

---

⑨ *Studienausgabe*, Band I, s. 258.
⑩ Unbewusstsein 一词中文通行的有"无意识"和"潜意识"两种译法,本书主要采用"无意识"译法,有时为了行文的方便也用"潜意识"译法。

生。症状不是由意识的过程构成的；只要有关的无意识的东西被变成了意识的，这一症状必定会消失。⑪

在这一阶段，弗洛伊德初步形成了无意识的概念，并认识到无意识的作用和意义。

第二阶段是心理学阶段。在这一阶段，弗洛伊德进一步揭示无意识的根源，探讨无意识的内容，总结无意识的特点。无意识概念已经远远离开它产生的神经病理学观点，进入到关于日常人的心理过程和精神生活的心理学领域，被广泛地推向心理学理论和应用。

弗洛伊德在探索歇斯底里病症的致病过程中，从迅速积累的经验中认识到，在病症背后起作用的，并不是什么情绪的刺激，而常常是一种性本能。这种起作用的性本能是对过去"创伤的执着"（Die Fixierung an das Trauma），它或者是当时的一种性冲突，或者是早期性体验的影响，"这些人都执着于过去的某点，不知道自己如何去求得摆脱，以致与现在和将来都脱离了关系。他们好像是借病遁世似的，就像古代僧尼退隐于修道院中以度残生那样"⑫。而对正常人来说，性本能冲动也构成了无意识的根源和内容。因为性本能冲动不能直接进入人的意识领域，除非它在意识中找到了自身的替代物。因此，弗洛伊德说："精神分析严肃地采用了'无意识'这个概念。精神分析把一切心理的东西首先看作

---

⑪ *Studienausgabe*, Band I, s. 278.
⑫ *Studienausgabe*, Band I, s. 273.

是无意识的，'意识'的这个更深一层的特点也可能是在场的，或者可能是不在场的。"[13] 奥兹本在他的《精神分析学和马克思》一书中把弗洛伊德的这一思想阐述得最清楚：

> 我们不应当把无意识的心看作一种被动的收容所，它接受外界的印象，把它们保持到被一种记忆的行为送入了意识界为止，事实上并不这样，也不应当把它看作凋谢了的记忆之保管库。无意识在性质上是原动的。它那不断争取意识的表现的内容，乃是意识的生活后面的原动因素。论到同它的关系，意识不过是由深藏的伏流所产生的心理生活之表面上的微波。它是本能生活的源头，也是民族遗产的贮藏所。一般的，具有性的性质的，并与儿童生活相关联的感情经验，取了与人生之意识的标准相冲突的冲动和愿望之形式的感情经验，也留在这里。这种感情经验被投入了无意识，因为承认它们的存在会使意识的生活感受痛苦和不安。虽然受了压制，它们却永不停止那取得满足的斗争。精神分析学大部分任务便是考察这种被压制的东西寻求满足时所采取的方法和途径。[14]

第三阶段，是人类学、社会学乃至哲学的阶段。在这一

---

[13] *An Autobiographical Study*, p. 55.
[14] 奥兹尔：《弗洛伊德与马克思》，董秋斯译，生活·读书·新知三联书店，1986年，第15页。

阶段，弗洛伊德用性本能解释人类的一切活动领域，尤其是人类的文明、科学创造、艺术审美活动以及道德和宗教的起源，认为这一方法的应用不应局限在病态失调方面，而应当加强它同哲学和艺术方面的联系，用它来说明人类的一切社会活动。为此，他提出了本我、自我、超我的概念，写了很多这方面的文章，将无意识理论推广到各个领域。

第二节　无意识论的基本思想

我们的心理上是否真的存在着一个无意识系统？或者说，我们是否可以提供科学的证据来证明无意识的存在？这是人们质疑精神分析学的首要问题。弗洛伊德认为，我们可以提供科学的证据证明无意识概念的合理性。

首先，在人的心理活动中，有许多是意识解释不了的行为。这些行为不仅有在健康人身上所表现的过失行为（Fehlhandlungen）和梦，还包括病人所表现出来的某种心理病状或强迫观念（Zwangserscheinungen），我们的日常经验中常常会碰到这些现象，可是我们的意识解决不了这些现象。因此，"我们只能断言，意识在任何一定的时刻只包含少量的内容，这样，我们中的大部分人称之为有意识知识（bewupte Kenntnis）的东西就一定会在任何情况下，相当长时间地存在于潜伏状态下，也就是处于意识的条件下，和不为心理所知的条件下"[15]。

其次,这些潜伏的心理活动与意识又有着一定的联系。反对精神分析的人把这种无意识心理状态看作是物理状态。可是事实上,就其物理状态而言,我们无法获得这些现象,没有任何生理学的概念或化学的过程能给我们提供关于其实质的观念。但是我们却可以断定它和意识的心理过程有着大量的联系;用一定的方法就可以把它转化为意识过程,或者被意识过程所取代,我们描述意识心理活动的一切范畴,例如观念、目的、解决方法等都可以用来解释这种现象。"的确,关于这种潜伏的状态,我们要说的是,它之不同于意识状态的唯一要点恰恰就在于它不是有意识的。"[16]

一、无意识理论的雏形——类催眠状态

弗洛伊德初期无意识理论的形成,得益于伯恩海姆的一次试验。1889年在南锡,弗洛伊德当时还是个年轻的维也纳医生。著名的催眠疗法专家伯恩海姆有一次做了一个试验:他对一个女病人进行催眠疗法,使她进入类催眠状态,然后对她发出暗示,要她醒后将放在屋角的一把雨伞打开。催眠结束后,这位女士在指定的时间内准确地打开了雨伞。伯恩海姆问她为什么要这样做,她回答说,她好像是要看看这把雨伞是不是她的。这个解释不是真正的原因,而且显然是事后想出来的,但它还是满足女患者的意识:她真正相信了她

---

[15] *Studienausgabe*, Band III, s. 126.

[16] *Studienausgabe*, Band III, s. 126.

是按照自己的愿望打开这把伞的，目的是想了解一下伞是不是她的。随后一再追问，这位女患者终于想起了这样做的真正原因：她在催眠中接受了命令。

这次实验给弗洛伊德很大的震动。他从这次实验中得出了三个一般性的结论：

1. 真正的动机构成即使在主观上完全是真诚的，也不一定都与行动的真正原因相符；

2. 决定行动的力量有时只在心理发生而不进入意识；

3. 这种心理力量通过一定方法可能被引导进入意识。

基于此，弗洛伊德进行了他的歇斯底里病研究。在他看来，歇斯底里病症与其他的由心理震动而非由机体震动所引起的精神病、神经病，是未进入意识的心理现象：病人一度经受过，但由于各种原因，或因为恐惧，或因为害羞，而被意识故意遗忘的精神震动、感情或欲望。这种被遗忘的体验因为不能进入意识，所以不可能正常地消除和获得缓解，从而导致歇斯底里症状。这种被遗忘的体验就是"无意识"。它是潜伏在心理底层的异物，它同意识之间没有什么固定的联络线路，因此它能破坏意识的统一性。我们日常生活中的幻想，就是与此类似的东西，因为幻想也不受意识的束缚。与之相近的还有催眠状态，因此，弗洛伊德与布洛伊尔又称"无意识"为"类催眠状态"[17]。

在这一时期，无意识在一定程度上被看作是一种偶然的现象，它是人心中的赘物，仿佛是乘人不备钻入患歇斯底里

---

[17] *The Standard Edition*, vol. 2, p. 15.

病人的心理似的。人的心理机能是平静而稳定的，没有无意识与意识之间的斗争，这种斗争只是患者所具有的反常现象。其次，无意识的内容在此时也很不稳定，无意识是些偶然的东西，是由于一个人的个体特点和生活际遇而被遗忘、孤立的使人难堪或羞耻的体验。

二、无意识理论的成熟——压抑说

随着精神分析法的日益发展，弗洛伊德的无意识理论也日益成熟。与第一个时期不同，第二个时期，无意识已经成为每个人心理机能的必然和极端重要的组成部分。在弗洛伊德看来，人的生理机能不再是静止平稳的，而是无休无止的运动；意识与无意识的斗争被认为是规律性的心理生活永久形式。无意识的形成过程不再是偶然的侵入，而是贯穿于一个人从生到死的整个一生中的有规律的现象，弗洛伊德称之为"压抑"（Verdrängung）过程。

与此相应，无意识的内容也不再是偶然随意的零星体验，而是典型的、人人基本相同的一定体验相关组合，主要是性的体验相关组合，弗洛伊德称之为"情结"（Komplex）。这些情结，在每一个人的生命史中重现，按严格确定的周期分别被压抑为无意识。

下面我们看看"压抑说"的基本内容。

在治疗精神病时，弗洛伊德发现，病人往往有一种抗拒的力量。这种抗拒来源于两个方面：一是理智的抗拒。无论是哪一个病人，总设法将自己思想的某一部分隐藏起来，以提防分析者的进攻。他们有意识地转移医生的视线，影响医生的分析，这种抗拒是理智型的抗拒。弗洛伊德认为，这种抗拒不是最坏的一种，医生一般能战胜它。比较强烈的一种是病人在分析本身之内加以抗拒，这就是，病人不回忆以往生活中的某种情感和心境，而是将这些情感和心境再现出来、复活起来，以一种移情作用 (die Übertragung) 反抗医生的治疗。分析愈深入，反抗的强度愈大，反抗力的消失即是分析结束。弗洛伊德在精神分析时就已经认识到，症候的形成是由于病人使有关的精神不能侵入意识而潜伏在精神底层而形成的。在分析治疗时，这同样的努力又活动起来以反抗化无意识为意识的企图。弗洛伊德把这种由抗拒而可想见的致病历程称为压抑。

那么，这种压抑是如何进行的呢？

弗洛伊德认为，我们的每一心理历程都是先存在于无意识状态之内，然后发展而变为意识的，无意识是一切意识的童年。弗洛伊德比喻说，这正如一张底片，然后印成正片，变成图像，但不是每一底片都印成了相片，同理，每一种无意识也不是都会成为意识的。弗洛伊德认为，意识与无意识的关系就是：

> 每一单独的心理历程都先属于无意识的心灵系统，然后在某种条件之下，由这个系统更进而为意识的系统。[18]

那么，无意识又是如何变成意识的呢？弗洛伊德把无意

---

[18] *Studienausgabe*, Band I, s. 293.

识的系统比作一个大前房，在这个前房内，各种各样的精神兴奋像许多忙乱的人一样互相拥挤在一起。与这个大前房连在一起的是一个较小的房间，像是一个接待室一样，这是意识停留的地方；在大前房与接待室之间的门口，站着一个检查官，这个检查官负责对各种精神兴奋加以检查、考察，对于那些他不赞同的兴奋，他就不允许它进入接待室，一切接待室内的意识都是经过检查官的允许从无意识的大前房内出来表演的，当然也有些是乘检查官疏忽之际偷偷溜出来看戏的。大多数的无意识则都是拥挤在大前房的门口不为检查官所允许的流浪汉。这些不能成为意识的无意识处境，弗洛伊德称之为"被压抑"的处境。但是，不是所有挤进了接待室的人都能进行表演的，许多无意识即便通过了检查官这一关，也不一定能入场。弗洛伊德说，其实，在接待室与大前房之间还有一个房子，这就是前意识系统。所谓压抑就是无意识被检查官所阻拦，以致都进入不了前意识系统的行为。这个检查官就是在精神分析时，为解除压抑而遇到的抗拒。这就是弗洛伊德的"压抑说"。

弗洛伊德认为，这种压抑贯穿于人生的始终，它是一切机械性的方式，完全没有意识参与的行为。意识不承认被压抑的东西，甚至可能完全想不到这种东西的存在，想不到这种东西的内容。而各种未获检查的，被压抑的无意识则是永不泯灭，也是永不会失去作用的。它们除了检查官的出口处，没有任何外溢的出口，不可能得到反应，因此，就必然会精力充沛地和生机勃勃地活在我们的心理底层。

三、描述性的和动力学的无意识

从前面我们看到，弗洛伊德从压抑的理论中获得了无意识的概念。在他看来，被压抑的东西是无意识的原型。但是弗洛伊德对无意识又进行了进一步的论述，从描述性和动力学的角度对无意识进行了区分。他认为，从描述性的意义上来讲，有两种无意识的东西：

> 我们看到，我们有两种无意识——一种是潜伏的，但能够变成意识；另一种是被压抑的，在实质上干脆说，是不能变成意识的。这一对心理动力学理解不能不影响到术语和描述。仅仅在描述性的意义上是无意识的而不是在动力意义上是无意识的那种潜伏，我们称之为前意识（Vorbewußtsein），我们把术语"无意识"限制在动力意义上的无意识的被压抑上。[19]

他认为，从描述性的意义上讲，前意识与被压抑的东西两者都是无意识的，但是，从动力的意义上，也就是从压抑的理论上讲，这个术语却限定在被压抑的东西上面，也就是说，只有被压抑的东西才是无意识的。

那么，前意识和无意识有什么样的区别呢？区别就在于压抑的程度，用弗洛伊德的话说，"这里，数量的或经济的因素（ökonomisches Moment）首次成为要考虑的问题"[20]。

---

[19] *Studienausgabe*, Band III, s. 284.
[20] *Studienausgabe*, Band III, s. 284.

前意识就是没有受到压抑或者说受到很轻的压抑的无意识，因而它处于一种潜伏的状态。而无意识则是处于被压抑状态的东西。弗洛伊德说，这一情况，最早是由布洛伊尔发现的，布洛伊尔曾做出过这样的假设："在心理生活中，存在着两种不同的能量发泄阶段；在一个阶段里，能量受到极大限制，而在另一个阶段里，能量自由移动，并且向外发泄。"[21] 弗洛伊德认为，无意识不能直接变成意识，而前意识则可直接变成意识。事实上，前意识与意识之间的区别也是很微妙的，意识都是由前意识而来的，意识是前意识的表面化。

无意识既然不能直接变成意识，它是不是就是无用的了呢？不是的。弗洛伊德说：

> 无意识是形成我们心理活动的过程中一个正常的不可避免的阶段；每一种心理活动都是从无意识开始的，它既可以保持一如既往的状态，又能发展成为意识，这要看它是否遇到了抵抗。前意识和无意识活动的区别并不是一开始就有的，而是发生了抗拒之后才开始呈现的。只有在这时，能在意识中出现，并能在任何时刻重新出现的前意识观念和不能如此的无意识观念之间的区别才获得了理论价值和实际意义。[22]

---

[21] *Studienausgabe*, Band III, s. 284.
[22] *Studienausgabe*, Band III, s. 34.

弗洛伊德用了一个比喻来说明它们三者之间的关系：他说照相的显像过程可以（尽管不是很恰当）来说明。照片的第一个阶段是冲"底片"，每种照片都要经过这种"底片加工过程"，那些照得好的底片才能进行"正片加工过程"，最后洗出照片来。所谓"底片"就是无意识，底片加工就是摆脱压抑的过程，能够洗出照片来的"正片"，就是前意识，而相片当然就是意识了。

用梦来说，梦中的潜在思想和我们正常的意识活动的产物并没有什么不同，它们可称为前意识思想，它们在一觉醒来之后的某些时刻可以被意识到。但是，通过夜间和无意识倾向取得联系，它们就和后者相像了，可以说它们也降为无意识思想，而且服从于那些用来支配无意识活动的规律。

四、无意识系统的独到特点

通过弗洛伊德的精神分析理论和对无意识的论述，我们在此可以综合一下弗洛伊德无意识系统的独到特点：

1. 无意识系统的核心是由本能的表现组成的，它的目的是排放精力发泄；就是说，它们是一些愿望冲动。这些本能的冲动既相互协调又独立存在，并且免除了相互之间的矛盾。当其目的在我们看来是互不兼容的两种愿望同时都很活跃时，这两个冲动并不相互转移或消除，而是联合起来形成一个中介的目的、一种调和。

2. 在这个系统里没有否定，没有怀疑，也没有不同程度的肯定；所有这些都是由存在于无意识和前意识之间的监察作用的工作引入的。否则，在一个高水平上是对压抑作用的一种替代。在无意识里只有或多或少地得到强烈发泄的一些内容。

在这个系统里精力发泄的强度比在另一个系统里具有更大程度的变动性。通过移置过程一个观念就把它的全部精力发泄都交给了另一个观念；通过凝缩过程，它就可以使用其他几个观念的全部精力发泄。弗洛伊德把这两个过程看作是心理上的所谓"主要过程"的显著标志。在前意识系统里次要过程起支配作用，而主要过程在和属于前意识系统的那些成分的联系中则按照常规来进行活动，这看起来是很滑稽和令人发笑的。

3. 无意识系统的这些过程是不受时间限制的，就是说，它们不是暂时性的，是不随时间的推移而变化的，事实上它们和时间也是毫无关系的。而意识系统的工作则和时间有密切联系。

4. 无意识过程也和现实几乎没有什么联系。它们受快乐原则的支配；它们的命运只依赖于它们的力量的强度，依赖于它们和被快乐与痛苦所支配的一致性。

弗洛伊德总结说，**免除相互间的矛盾，精力发泄的能动性，无时间限制，对外部现实的心理替代作用**——这些就是无意识系统的过程里发现的那些特点。

无意识过程只能在做梦和神经症的病例中才能被我们观察到；就是说，当较高级的前意识系统的过程在某一低级过程（压抑过程）里回复到早期阶段时才能观察到，在独立的情况下是认不出来的，也是不可能存在的，因为无意识系统处在被前意识系统掩盖下的一个非常早期的阶段；而前意识系统控制着通往无意识和能动性之通路的方法。无意识系统的发泄方法是借助于引起感情发展的物理的神经支配，但是，正如我们所看到的那样，即便是这条通路也受到前意识系统的争夺。若听任它自行其是，那么无意识系统在正常情况下，除了那些已经组织成为条件反射的东西之外，不能产生任何有目的的肌肉活动。

第三节 无意识与心理人格

一、无意识与自我

从上述精神分析法和无意识理论中我们可以看到，精神分析是从症候出发，而症候则起源于自我的被压抑的欲望，所以我们的自我本身难以明了症候的意义：被压抑的欲望存在于我们的内心世界，不为我们的自我所知晓，就像客观实在存在于自我之外，难以被我们的自我所认识一样。前者宛如内在的外国领土，后者宛如外在的外国领土。

这样就产生了一个问题：这个压抑的力量是从哪里来的？是谁在压抑着这些无意识？我们得从哪里找到压抑的根源？按照弗洛伊德前面所讲的意识、前意识、无意识的系统，是找不到压抑的根源的。压抑不可能来自无意识和前意识，因为无意识产生不出压抑的力量，压抑不可能来自意识，因为意识是由前意识而来的，那么压抑来自哪里呢？弗洛伊德说，压抑来自我们的自我，一种每个个人都有的一个心理过程的连贯组织：

> 我们已经阐述了这种观念，即每一个人都有一个心理过程的连贯组织，我们称之为他的自我。这个自我包括意识，它控制着能动性（Motilität）的通道，即控制着把兴奋排放到外部世界中去的通道：正是心理上的这个机构调节着它自身的一切形成过程，这个自我一到晚上就去睡觉了，即使在这个时候，它仍然对梦起着监察作用。自我还由此起着压抑的作用，用压抑的方法不仅把某些心理倾向排除在意识之外，而且禁止它们采取其他表现形式或活动。在（精神）分析中，这些被排斥的倾向和自我形成对立，分析面临的任务就是去掉抗拒，自我正是用它来表示自己与被压抑的东西无关。[23]

在这里，我们可以看到弗洛伊德的思想发生了一个变化。在前面所讲的无意识理论中，弗洛伊德认为，自我是纯意识的东西，压抑是意识和无意识间具有的一种能量，而无意识则与自我是没有多大关系的。现在，我们可以看到，自我是压抑的根源，压抑的力量来自自我，抗拒也来自自我，从前之所以没有发现压抑与自我之间的关系，就是因为抗拒的作用掩盖了压抑来自自我这一情况。所以，现在我们就知道了，为什么在精神分析时，当精神分析学家让病人自由联想时，病人有时会陷入困境；在他的联想接近被压抑的东西

---

[23] *Studienausgabe*, Band III, s. 286.

时，联想就会消失的原因了。从前，医生告诉他说，他已经被某种抗拒所控制；但他对这一事实还是一无所知，即使他从不舒服的感觉中猜测那个抗拒现在还在他身上起作用，他仍不知道这种抗拒是什么，或者如何来描述它。但是，现在弗洛伊德发现，这种抗拒是来自自我，并且属于这个自我，自我本身中的事情，也是无意识的，它们的行动像被压抑一样，也就是说，自我的这些东西也不能被意识到，而它们又产生了强大的影响，这些事情需要经过特殊的工作才能成为意识的。这一发现使弗洛伊德认识到，"如果我们试图从意识和无意识的冲突中追溯神经症的根源，我们就会处于一片朦胧和无穷无尽的困难之中。我们将不得不用另一种对立——它来自我们对心理结构状态的洞察，即用现实清晰的自我与由自我分裂出来的被压抑的部分之间的对立来取代这个冲突"[24]。

由此可以发现，自我一方面是一种明晰的，即处于意识之中的自我，另一方面又是被压抑的自我，即处于无意识的自我。这样自我就被分为两个部分——意识和无意识。自我不再是单纯的处于意识中的东西，而是脚踏无意识和意识这两只船的东西。

二、自我与本我

上面讲到，自我是脚踏无意识和意识这两只船的东西，无意识中的一部分是自我，但是，无意识中不属于自我的

---

[24] *Studienausgabe*, Band III, s. 287.

那一部分东西是什么呢？弗洛伊德将它称为"本我"（Id 或 Es，Id 是拉丁语，Es 是德语，相当于汉语中的无人称的"它"）。但是自我与本我的界限也不是截然分开的，"自我并未同本我截然分开，它的较低部分合并到本我中去了"。

我们很快就将看到，为了描写或理解，我们是否能够从这个观点中获得一些好处。现在，我们将把一个个体看作未知的和无意识的心理的本我，自我依托在它的表层，知觉系统从它的内核中发展出来。如果我们努力对它进行形象化的描述，我们可以补充说，自我并不全部包住本我，而只是包住了一个范围，在这个范围里，知觉系统构成了自我的表层，多少有些像胚盘依托在卵细胞上一样。自我并不与本我明显地分开，它的较低级的部分并入本我。

弗洛伊德用下图表示它们之间的关系：

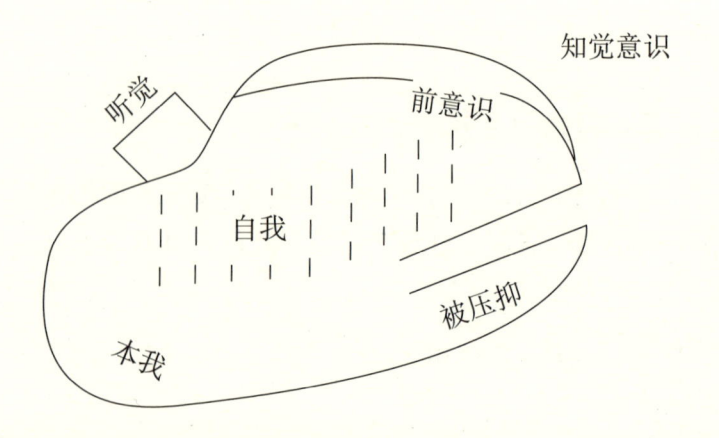

如图所示，本我包括了自我处在无意识中的一部分，同时又包括了不属于自我的、被压抑的无意识那一部分。也就是说，本我包括了整个的无意识，而自我则只包括除被压抑的那部分无意识之外的无意识部分。被压抑的这部分无意识也不是与自我毫无关系的，"它可以通过本我与自我相通"。

"本我"有些什么样的特性呢？弗洛伊德说，它是我们人格中的模糊而不易捕捉的部分，因此对它的特性所知有限，它主要是一种本能的东西，弗洛伊德称它为"一大锅沸腾汹涌的兴奋"[25]，弗洛伊德说，我们假定它可于某处和身体历程直接接触，从它们那里，取得本能的需要，做出心理的表示。但究竟在什么基层上发生接触，我们可说不出来。这些本能给本我提供精力，但是本我则既无组织，也无统一的意志，仅仅有一种冲动为本能需要追求满足。至于逻辑律——尤其是矛盾律——则不适用于本我的历程。本我的矛盾的冲动往往并存而不互相抵消，也不互相分离；至多也不过受经济律的压力而作妥协形式的结合借以宣泄精力。本我无所谓否定，哲学家认为空间和时间是心理活动不可或缺的法式，但本我则超出时空之外。为什么这么说呢？因为对本我来说无所谓时间的观念，也无时间经过的认识，更不随时间的经过而有心理历程的变迁。那些永不超越于本我之外的意动的冲动，甚至于那些因被压抑而降落于本我的印象，都几乎永久存在，几十年不变，却又似乎是新近发生的。只是

---

[25] *Studienausgabe*, Band I, s. 511.

经过分析治疗而变成意识的以后，那些冲动及印象才被认识为是属于过去的东西，才可剥夺其重要性而取消其势力，分析治疗的功效大部分是以这个事实为基础。

关于自我与本我的关系，弗洛伊德认为，自我是本我的那样一部分，即通过前意识知觉——意识的活动已被世界的直接影响所改变的那一部分：在一定意义上说它是表面化的一种扩展。再者，自我有一个把外界的影响施加给本我的倾向，并努力用现实原则代替在本我中占主导地位的快乐原则。在自我中，知觉起的作用就是在本我中转移给本能的作用。自我代表我们所谓的理性和精神健全，它和含有热情的本我形成对照。所有这一切都和我们所熟悉的通常的区别一致；但同时只能认为这种区别在一种平均的或"理想的"情况下才适用。

自我的机能重要性在这个事实中表现出来，这就是把对能动性的正常控制转移给自我。这样在它和本我的关系中，自我就像一个骑在马背上的人，它得控制马的较大力量；所不同的是，骑手是寻求用自己的力量做到这一点的，而自我则使用借力。还可以进一步加以说明，如果一个骑手不想同他的马分手，他常常被迫引导它到它想去的地方；同样如此，自我经常把本我的希望付诸实施，好像是它自己的希望那样。

三、自我与超我

上面我们讲到，压抑和抗拒都来自自我，但是，为什么自我具有这样的一种力量呢？这个问题还没有解决。另外，在日常生活中，我们常见到这样的精神病患者，这种人总感到有人在侦察他，患有被人侦察的幻想症。他们常常说，即使在做最隐秘的事情时，也感到有第三只眼在看着他，这第三只眼是一种不可知的势力或人物，在幻觉中，他听到这种势力或人物在向别人宣告他所做的隐秘事情，如"现在他说这句话了，现在他穿衣服出去了……"这种情况的原因是什么呢？

弗洛伊德认为，这种情况，从精神分析学的角度来看，是比较好理解的。他认为，事实上，我们大家的自我中都有一种侦察的功能，用以惩罚和威吓我们。只不过在患有被人侦察的幻想病人那里，这种机能脱离了他们的自我，以致把这种机能误认为外界的实在，误认为这种外界的实在正在侦察他。

自我中的这种侦察机能脱离我们的自我的其他部分，是自我结构的正常特点。在日常生活中，我们就常常感到，有一种监督的力量居于自我之上，在内心里对自我进行判罪或惩罚。我们通常称它为"良心"。良心通常最容易脱离自我，与自我相对峙。比如，我想干一件损人利己的事，但因良心不许，而不敢为；或者，我们有时由于受外界的诱惑力太大，干了一件坏事，事过境迁之后，又大受良心的谴责，而后悔不迭。弗洛伊德认为，事实上，良心是自我侦察机能的一种活动。这种自我侦察机能是一个实体，弗洛伊德称之为"超我"（ÜberIch）。

超我的作用在忧郁病人身上表现得最明显。忧郁病人健康时，其责己之严与不严，跟普通健康人没有什么区别；但是一旦发病之后,他的超我便过分地虐待了他的不幸的自我,威吓它以最严酷的惩罚,责备它以久已过去而淡忘了的行动,好像一味搜集种种不满意的证据,只是等待力量增加的时候,对自我实施其惩罚。超我把自我置于自己的积威之下,用最严格的道德标准来约束它。由此可见,我们平时的罪恶之感就是超我压迫自我的一种表示。我们时常感到,这种情感是神赋予我们而将之深埋于我们心中的东西。超我并不是一味地行使自己的职权,对自我不断地施以淫威,事实上,它行使职权有一个周期的过程。忧郁病患者常常发现,过了几个月之后,他内心中的整个道德竞争忽告终止,超我的批判之声忽告静息,于是自我重新抬头,享受其一切的权利。有时在这个时候忽然发生完全相反的现象:自我异常欢乐胜利,好像超我已失去势力或已和自我同流合污,狂放的自我得意忘形,肆无忌惮地满足其一切欲望。所以,我们看到,平时一贯老实巴交的孩子,为什么会做出耸人听闻的事情来。

弗洛伊德反对"天赋良心"的观点,认为良心是后天的习得:

> 良心虽然是存在于我们内心的,但绝不是与生俱来的。因此,它与性相反,不是生时俱备的,而是后来形成的。婴儿无所谓道德,在他们的内心就没有任何节制去反对求快乐的冲动。超我后来所起的作用,开始是一种外力或父母权威的作用。父母以恩惠的赏赐或惩罚的威胁支配其子女;在儿童看来,惩罚就是失去了爱,不能

不感到害怕。这种对外在力量的客观忧虑是后来道德忧虑的先河；客观忧虑占优势时，超我或良心还没有形成，到后来，道德忧虑占据了优势，这时人们就高兴地称之为正常形态。外界的限制转投于内，超我代替了父母的职能，给自我以侦察、指导和威胁，就像父母对待子女一样。[26]

超我在我们的内心取得了同父母一样的权威、目标和方法，不仅成为父母的继承者，而且成为父母的化身。但是，超我只是片面地取代父母的职能，也即是说，它只是取代了父母对待子女的严厉态度和惩罚机制，而没有取代父母的仁爱慈惠。在这里，或许有人会问：为什么有的父母对待子女极为放任、溺爱，而从不加苛责，而子女依然具有严厉的超我作用于自我呢？换句话说，为什么在溺爱的家庭会成长出忧郁性格的孩子呢？这就是下文我们要讨论的超我形成中的本能的变化。

父母的职能是如何转变成超我的呢？弗洛伊德认为，这主要是通过"认同作用"（Identifizierung）。所谓认同作用，就是一个自我要与另外一个陌生的自我相一致，而模仿这个陌生的自我，结果使第一个自我的言行和第二个自我在某些方面完全相同。这个认同作用仿佛将另一个人吞到肚子中，化而为自己似的。认同作用是人类的最原始的一种作用，它在人与人相互对待的关系上起着重要的作用。超我之取代父

---

[26] *Studienausgabe*, Band I, s. 500.

母职权的机制即在于认同作用。弗洛伊德说,自我中存在着一个等级,叫作"自我理想"(Ich-Ideal),即自我在内心中为自己树立了一个理想,它用这个理想来衡量自己,努力实现它,不断地用这个理想来严格地要求自己。这个理想,在儿童时期即是自己的父母的形象,儿童的心目中对自己的父母感到非常骄傲、自豪,于是极力地模仿他们的行为,将自己与他们的行为认同起来,使自己成为父母的化身。长大以后,儿童不复以父母为骄傲,于是把社会上的英雄人物作为自己的理想,模仿他们的一切行为,从而达到心理上的认同,当自己的行为或思想不符合英雄人物的行为或思想时,就极力地严责自己。这个自我理想就是超我。超我就是在这种追求理想的认同过程中形成的。

认同作用与恋母情结有密切的关系。恋母情结是,男孩以母亲作为性爱对象,而敌视他的父亲,并企图取代父亲的位置;与此相反的是恋父情结,即女孩以父亲作为性爱对象,而敌视他的母亲,并企图取代母亲的位置。那么,认同作用和恋母情结是什么样的关系呢?弗洛伊德说:

> 男孩子的情况可以简单地做出如下陈述:在年龄还很小的时候,小男孩就发展了对他母亲的一种对象——精力倾注(Objektbesetzung),这个对象精力倾注最初是与母亲的乳房相关联的,并且在性欲依附的模型上是性爱对象选择的原型;男孩用把自己与他父亲等同起来的办法对待他的父亲。有一段时间,这两种关系并肩进行着,直到男孩对他母亲的性的欲望变得更强烈,并且发现他

的父亲成为他的障碍时为止；从此，恋母情结才产生。然后他与他父亲的认同作用染上了敌对的色彩，并且为了取代父亲在父母关系中的地位，这种认同作用变成了一种摆脱其父亲的愿望。从此以后，他与他父亲的关系就充满着矛盾冲突，看上去好像认同作用中固有的矛盾冲突从一开始就变得明显了。对父亲的态度充满矛盾冲突和对母亲专一的充满深情的对象关系在一个男孩子身上构成了简单明确的恋母情结的内容。㉗

超我是儿童的恋父母情结的继续。当恋父母情结给超我让路的时候，儿童正以他的父母亲为高尚的人物，但后来父母就大大失去了权威，认同也可能取材于丧失权威之后的父母，这种情况对性格的形成也起了很大的作用。但是这些影响仅仅影响到自我，而不能影响超我，超我早就为父母的形象所铸成了。

前面讲到，压抑的机制源于自我，那么，在自我中，是什么东西在起作用呢？弗洛伊德说：

自我有一种特殊的机能——超我，它代表限制禁止的势力，所以我们可以说压抑为超我的工作——或由超我亲自出马，或命令自我代而执行。病人受分析时若对于他的抵抗毫无所觉，则必或因超我和自我能无意识地活动于重要的情境之内，或更加重要的是自我和超我的部分

㉗ *Studienausgabe*, Band III, s. 299.

都是潜意识的。[28]

由此可见，超我也是属于无意识的。

四、自我、本我和超我

前面分别讲了自我与无意识、本我、超我之间的关系，现在我们来看一看它们之间的相互关系如何。

弗洛伊德认为，自我借用压抑和抵抗，与本我的一部分脱离了关系。但是压抑的界线不能扩大到本我，也就是说被压抑的东西都属于本我。

西方有句格言，说一仆不能侍候二主，但是，可怜的自我，其所处的情境更苦。它必须侍奉三个残酷的主人，而且必须尽力调和这三个主人的主张和要求。这些要求常常互相矛盾，有时更互相冲突。无怪乎自我在工作中常常吃不消，以至于丧失自我而得神经病或忧郁症了。自我的这三个残酷的主人是谁呢？一为外界，一为超我，一为本我。自我既然有来自知觉系统的经验，它就要准备代表外界的要求，但同时他又要当本我的忠实仆人，与本我和善，自荐为本我的对象，以便吸取本我的力比多。它要调解本我和现实，有时只得以其前意识的理由掩饰本我的潜意识的命令，弥合本我与现实之间的冲突。而当本我坚不肯屈的时候，它又以外交家的手腕，表示对现实的关切。另一方面，它的一举一动又被严厉的超我所监视，超我规定着行为的常规，而不管本我和

---

[28] *Studienausgabe*, Band I, s. 507.

外界给自我带来什么样的困难，它对自我总是用规范加以约束。如果自我不按这些常规办事，它就惩罚自我，使它产生紧张的情绪，表现为自卑感或罪恶感。自我一方面受本我的鞭策，另一方面又受超我的包围，第三方面受外界的挫折，在这三种压迫之下，它只能采取和事佬的政策，减少各方面的势力和影响，从而造成和谐的局面。由此，我们可以了解到为什么我们常不自觉地感叹生活的艰辛、人生的苦恼。这些焦虑就是自我被迫自认软弱时所发生的：在外界的压迫下，产生现实的焦虑；在超我的压迫下产生道德焦虑；在本我的激情势力冲击下产生神经性焦虑。弗洛伊德将它们之间的关系画了一个简单的图形如下：

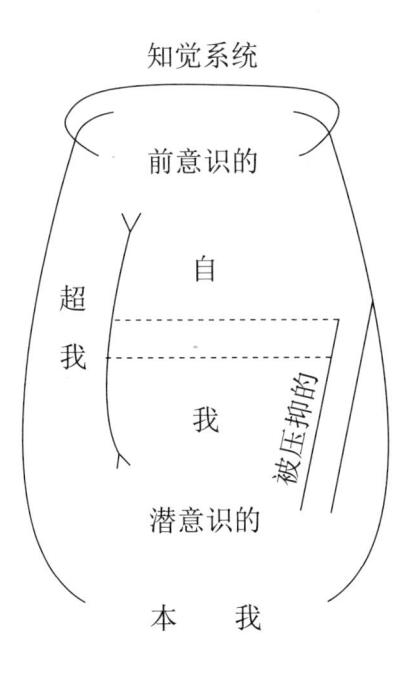

知觉系统

前意识的

超我

自

我

被压抑的

潜意识的

本　我

从这个图中可以看到超我是如何降入本我中的，作为恋母情结的继承者，超我与本我具有密切的关系。它与知觉系统的关系又比自我为远。而从此图中还可以看到，本我只有通过自我才能与外界发生关系。

最后弗洛伊德告诫说，心理人格之间的界线不是一成不变的，更不要以为它的界线与政治地理的界线一样清楚明白不可侵犯。人与人之间的区分也有相对性，不同的人其界线也不一样，因此不要用原始的思维眼光将其看作直线的轮廓，而应用现代绘画的手法，依其着色的浓淡而区分它。

第四节　无意识与社会

人类社会发展的根本动力是什么？古往今来的先贤圣哲都做过论述，众说纷纭，莫衷一是。弗洛伊德从二十世纪二十年代起即从事社会发展史的研究，把自己的精神分析学说应用到人类学、社会学、教育学、文艺学、宗教学、伦理学等社会科学领域，力图揭示人类社会发展的奥秘，而他的理论基础就是"无意识理论"。

首先，弗洛伊德认为，无意识是一切社会关系的基础。弗洛伊德说："群体的本质在于其中存在着力比多联系……群体中每一个成员都受到力比多两个方面的束缚，一方面与领袖（基督或统帅），另一方面与群体中其他成员联系在一起……"㉙弗洛伊德通过在军事集团中的惊恐现象来对此加以证明。他认为一个集体的本质在于它自身存在的力比多联系，如果一个军事集团发生溃散，便会产生惊恐。这种惊恐的特征是，人们不再听从上级发布的任何命令，每个人只关心他自己的利益，而不顾他人的安危。人们相互间的联系已不复存在，一片巨大的、无谓的恐惧无限制地扩散开来。弗洛伊德认为，就惊恐现象的真正本质来说，它与威胁人们的危险毫无关系，它经常是在一些很微不足道的场合爆发的。事实是这样的，那种惊慌恐惧的发生是以这个集体中的力比多结构的松弛为前提的，而且是以合理的方式对这种松弛所做出的反应。

那么，在集体中，也会发生这种现象，即感应（感染）的作用会使恐惧现象极度加剧。当遇到一个真正巨大的危险时，当该集体中不存在牢固的情感联系时——例如当一个剧院或一个娱乐场所爆发了一场火灾时，就会发生这种情况。此时，个体的力比多精力贯注中断了，集体就开始解散。

集体的凝聚力在于无意识的力比多精力贯注，那么，个体的行为则是如何呢？弗洛伊德认为，个体的行为在于与领袖的"认同作用"。个体就像儿童认同父母那样，对诸如英雄、领袖等权威人物具有一种认同作用，将他们当作"自我理想"或超我，来作为追求完美、高尚的标准。"自我根据它来衡量自己，竭力模仿它，争取满足它所提出的任何更高的完美性要求。"由于所有成员的认同对象与"自我理想"

㉙ *Studienausgabe*, Band Ⅸ, s. 90.

均一致,便在群体中彼此等同,消除各自身上的差异,形成了一个群体所有成员特有的共同性、一致性以及对同一领袖"父爱"联系。这样就形成了部落、教会、军队、国家等社会形式。弗洛伊德就是想通过个体的上述潜意识活动来说明社会的起源,并试图证明潜意识是社会形成的唯一基础。

其次,弗洛伊德认为,无意识是社会发展的动力。

在《文明及其不满》一书中,弗洛伊德说:"我想现在文明进化的含义对我们不再是什么晦涩的东西了。它一定显现着爱神和死神,生的本能和破坏本能的斗争,正如它在人类发展中所起的作用那样。这一斗争是所有生命最基本的内容,并且因此文明的进化可以简单地描述成人类为了生存的斗争。"[30]

生的本能把个体集合在一起,组成人类社会,人们在这个团体中相亲相爱,共同协作,社会如同一个和睦的大家庭。但是死的本能则破坏这种统一性,它破坏全体的统一性,它表现出攻击、杀戮、流血、斗争,它使这个统一体发生解体,从成吉思汗蒙古大军对欧亚大陆的杀伐,到十字军东征,一直到第一次世界大战,无不表现出这种死亡本能的面目。人类社会的发展,文明的进步,就是在这种生的本能与死的本能中进行的。这种无意识的力量是社会发展的真正动力。

---

[30] *Studienausgabe*, Band IX, s. 249.

第七章 本能论

第一节 本能论的形成

对本能的研究，西方有很古老的历史。古希腊的先哲们在试图寻求人性中的基本驱力时，就认为在人体中有一种液体或肉体的基础，作为动机的基础。其中最有影响的是希波克拉底的"四体液说"。希波克拉底认为，人按体液可以分为四种不同的气质：多血质，这种人有较多的血液体质，他们达观、活泼，满怀希望；抑郁质，这种人具有较多的黑色胆汁，他们忧郁、沉默；胆汁质，这种人具有较多的黄色胆汁，他们脾气急躁、容易发怒；黏液质，这种人具有较多的黏性体液，他们沉稳、持重。希波克拉底的类型学是探索人类行为的潜在动能的先驱理论。

古希腊哲学家恩培多克勒提出了"四根说"，认为万物都是由火、气、水、土这四种物质元素（"根"）的不同结合而形成的，这四种元素的结合和离散，即万物的运动和变化，则是由于"爱"和"恨"共同作用的结果。这可能是弗洛伊德"爱欲论"的最古老源头。此外伊壁鸠鲁（公元前

341年—公元前270年)的快乐主义伦理学认为,避苦趋乐是人人奉行的基本原则,首先揭示出人类自我保存的本能。

不过对弗洛伊德最有影响的还是苏格拉底和柏拉图。苏格拉底最先对爱欲本能给以关注并加以解释。他认为,人类不能摆脱爱欲的影响,爱欲最初表现为使人们迷恋肉体的感官要求,这只是爱欲表现的低级形式;随着人类的自我意识增强,逐渐上升到对美德的追求,从而使爱欲摆脱单纯的肉体欲望,上升到高级的抽象理性。柏拉图受苏格拉底的影响,他把爱欲上升到永恒不变的理念世界,从而使爱欲具有真正的理论源头。弗洛伊德在谈到对本能问题的发现时写道:"我当时没有意识到在得出歇斯底里症起因于性欲时,我是回到医学的最初阶段,并且追溯到柏拉图的一个思想。"[1] 在他后来写的《爱情心理学》中,又写道:"精神分析学中所扩充了的性欲一词的含义,和神圣非凡的柏拉图所说的爱欲(eros)是多么相近。"[2]

对本能较为深入研究的,是十九世纪的动机论的本能学派。十九世纪中期,生物学家们发现,黄蜂依其本能可以建造令最杰出的建筑师喟叹弗如的蜂窝,候鸟依其本能可以飞行几千里而不迷途,这些生物学家根据其发现而形成了本能学派。进化论的创立和遗传科学的发展给本能学说以支持,使得本能学说具有较为坚实的基础,同时本能学说也在一定的程度上加强了进化理论。所以本能概念在十九世纪后期的

---

[1] *An Autobiographical Study*, p. 42.
[2] 弗洛伊德:《爱情心理学》,作家出版社,1986年,第19页。

生物学和心理学中变得非常盛行。因此，弗洛伊德的精神分析学作为心理学的发展过程，在许多方面，直接或间接地受到本能心理学的影响，是完全合乎逻辑的。

本能论与潜意识论是弗洛伊德精神分析学说的两个基本柱石。在《自传》中，弗洛伊德写道："在心理学中，最紧迫的莫过于建立一种稳固的本能理论，然后才可能据此进一步发展。但是这种理论现在一无所存，精神分析只好被迫为建成这么一种理论做些尝试性努力。"[3] 在1917年写的《心理分析的困难之一》一文中，他写道："众所周知，心理分析同解释、治愈被称之为神经紊乱的疾病有关。对待这个问题，先要有一个出发点，这个出发点最终要从脑子里本能的身世中去寻找。因而，与人的本能相关的假设构成了我们关于神经病的概念的基础。"[4]

弗洛伊德的本能理论从本能概念的假设到本能理论的成熟有一个发展过程。在早期的医疗过程中，弗洛伊德就发现，在病人的脑子里有一种特殊的冲动，接着又出现了另一种强有力的冲动与之相对抗，弗洛伊德把这两种冲突或能量称之为"本能"与"抵抗"，从而得出他的"压抑"理论。在这个基础上，弗洛伊德形成他的"无意识"理论。由此可见，本能论与无意识理论这两个基本柱石是同时建立的。不过，此时弗洛伊德的本能主要指的是性本能。而且本能问题

---

[3] *An Autobiographical Study*, p. 134.
[4] 《心理分析的困难之一》，转引自《弗洛伊德论创造力与无意识》，弗洛伊德著，中国展望出版社，1986年，第1页。

的提出主要是为了精神病治疗,而没有对本能问题进行专门的论述。真正集中地对本能问题进行论述,是1915年的《本能及其变化》(*Triebe und Triebschicksale*)一文,该文对本能的原动力、目的、对象和根源进行了系统的讨论。其后,在1920年的《超越快乐原则》一书中,弗洛伊德对早期的本能理论做了重大的修订。在这一著作中,他深刻地论述了"强迫性重复"这一本能的重要特征,并首次提出了生的本能与死的本能的二分法,取代了早先关于自我本能和性本能的二分法。在此后1923年发表的《自我与本我》(*Ich und Es*),1924年发表的《受虐癖的经济问题》(*Das ökonomische Problem des Masochismus*),1933年发表的《精神分析引论新编》(*Neue Folge der Vorlesungen zur Einführung in die Psychoanalyse*),1937年发表的《有结局的分析和无结局的分析》(*Die endliche und die unendliche Analyse*),以及从1938年开始撰写的最后一篇著作《精神分析纲要》等,对本能的实质、本能和性欲的起源、本能与本我的关系,特别是对死的本能的探索,以及死的本能和生的本能的相互转化等有关本能思想的发展和许多实质性的问题,都做了较为细致的讨论。这样也就最后形成了弗洛伊德独特的本能论思想和理论体系。对弗洛伊德本能理论的发展与形成,美国心理学教授鲁本·弗恩(Ruben Fine)有比较明确的总结:弗洛伊德"关于本能的某种观点一经提出,他便感到极端不满,不久经过更改的观点便出现了,如此往复似乎已成为他的特征。例如,在十九世纪九十年代,他的性欲理论直接起源于生殖性欲说;到二十世纪的最初十年,转变为心理性欲说；接下来的十年则为快乐原则说；最后到二十年代提出了攻击性理论"⑤。

第二节　本能的基本特点

一、本能与刺激

弗洛伊德首先从生物学的角度来考虑本能，他认为，本能这个概念包括在刺激里，"本能使我们具有刺激以及与之配合的反射弧的概念。按照这个概念，外部世界对于活的生物（具有神经的实体）的刺激通过本能的对外部世界的行动而解除。这种行动的目的是排除刺激对生物起的作用"⑥。因此，弗洛伊德认为，本能就是对心理的一种刺激，但是刺激并不全都是本能，决不可把本能与刺激混为一谈。这样就有必要区分起源于本能的刺激和对我们心理起作用的生理刺激。

那么，它们的区分在什么地方呢？弗洛伊德认为，本能的刺激是来自生物的内部世界的，而生理刺激则来源于外部世界，这两种刺激具有不同的生理效应，而且，解除这两种刺激的行动也是不同的。外部刺激是单个的冲击，排除这种刺激需要用相应的单个的行动，或用改变外部刺激的方式来

---

⑤ 弗恩：《精神分析的过去和现在》，学林出版社，1988年，第94页。
⑥ *Studienausgabe*, Band III, s. 82.

达到。本能的刺激则是一种固定的力量,是长久的而不是暂时的冲击,它的攻击力不是来自生物体之外的,而是来自它的内部,这种力量无可否定、无可逃避,换句话说,这种力量是一种"需要",要解决这种需要,最好的办法就是"满足"。这只有靠适当地改变内部的刺激才能做到。在日常生活中,我们到处可见到这种不同的刺激,例如,强烈的光线刺激我们的眼睛,这种刺激是一种生物刺激,或称外部刺激,它是暂时的、偶然的刺激,要消除这种刺激,一方面可以躲避光线,另一方面可以通过眼球的调节运动来达到某种心理效应。但是当饥饿时,我们的食管收缩或者胃疼时,这就是一种本能的刺激了,它源于生物体内的本能的力量,只有相应地改变这种刺激状况即满足胃来加以排除。

本能刺激与外部刺激的不同之处,还可以同这两者对于神经系统作用的不同来加以区别。神经系统是一种装置,它有能力排除作用于它的刺激,或者把刺激的作用减少到最低程度,如果可能的话,这种装置会使自己处于完全不受刺激的条件之下。从广义上讲,神经系统的目的就是要控制刺激。从这个角度来看,弗洛伊德认为,他的本能理论使从前简单的生理反射图式变得复杂起来,大大地丰富了关于刺激的理论。何以见得呢?弗洛伊德认为:

> 当外部刺激加在生物体上,生物体的唯一任务就是用行动来摆脱它,这种行动由肌肉运动来完成,包括达到瞄准的目标,然后遗传给后代。那些来自生物体内部的本能刺激不能用这种机制来处理。因为它们对神经系统提

出了更高的要求，迫使它采取复杂的结构和协调活动。它们对外部世界发生如此大的影响，使它能够对刺激的内部根源提供满足。⑦

为什么会出现这种情况呢？弗洛伊德认为这是因为：

本能刺激迫使神经系统放弃它的理想意愿，即避开刺激，因为它们保持着一个源源不断、无可避免的刺激源。⑧

因此，弗洛伊德说，可以得出这样的结论：本能以其无可比拟的效率成为使神经系统发展为目前这种高水平的过程中的真正动力，而不是外部刺激使然。"因此，没有理由阻止我们假设，本能本身，至少其中的一部分，是各种形式的外部刺激促进的结果，这在心理发生的过程中影响到生物体的完善。"⑨

二、本能的原动力、根源、目的及对象

在探讨了本能与刺激的关系之后，弗洛伊德进一步探讨了本能的原动力 (Drang)、本能的目的 (Ziel)、本能的对象和根源。

所谓本能的原动力，就是驱动本能的因素。是本能存在

---

⑦ *Studienausgabe*, Band III, s. s. 83-84.

⑧ *Studienausgabe*, Band III, s. 84.

⑨ *Studienausgabe*, Band III, s. 84.

所需要的力的大小，或能量的多少。弗洛伊德认为，所有本能的共同特点是冲动，而这事实上也就是本能的本质。每一种本能都是一种活动形式。例如，饥饿这一本能，使体内肠胃器官组织的兴奋所释放的能量，激活了饥饿本能的冲动。

本能的目的是寻求满足，也就是说，消除本能源中的刺激条件，即满足体内的需要状态，或解决由此产生的兴奋和紧张。例如，饥饿本能的目的就是要消除体内的饥饿状态，从而使人体的有关能量停止释放，同时人在生理和心理上也就从兴奋变为松弛，由紧张恢复到平静。弗洛伊德认为，本能的最终目的虽然是不变的，但达到这一目的途径却是多种多样的。此外，并不是所有本能的目的都能够达到，有许多本能的目的受到了阻碍，从而出现偏差。当然，即便如此，这受到阻碍的目的也或多或少地得到了部分的满足，弗洛伊德研究的主要是这些受到阻碍的本能。

所谓本能的对象，弗洛伊德认为，就是本能借以达到目的的东西。本能的对象不是固定的，而是变动不居的，一种本能并非非要借助一种对象实现其目的不可。所以弗洛伊德说，"对象与本能本来没有什么联系，只因特别适于提供满足而使本能依附于它"[10]。本能的对象并不一定是外部的，它可以是主体自身。在人的一生中，在本能经受变化时，对象可以多次改变，这种能力在本能的转移中起着非常重要的作用。一个对象也可以同时满足几种本能，这种现象称作"本能的交叠"（Triebverschränkung）。弗洛伊德把本能特别

---

[10] *Studienausgabe*, Band III, s. 86.

依附于一个对象称作"固着"(Fixierung),本能的固着往往发生在本能发展的早期阶段,并使本能丧失灵活性。固着强有力的抗拒本能与对象的脱离。

弗洛伊德所说的本能的来源,是指身体的某部分或器官中的肉体过程,它产生心理生活中以本能为代表的刺激。但是这种过程是否为一般的化学过程,是否相应地释放出其他的力,如机械力等,依然是个未知数。因为,对于本能来源的研究并不属于心理学的范围,弗洛伊德说,他的工作目的在于通过它的目的了解它。

三、本能的三大特点:保守性、倒退性和重复性

弗洛伊德认为,从本能的目的来看,本能具有保守性、倒退性和重复性等性质。这一思想与通常的本能发展观点显然不同。他曾写道:"关于本能的这种观点,对我们来说是十分陌生的,因为我们已经习惯于在本能中发现一种促进变化和发展的因素,然而现在却要求我们在本能中去认识一种恰恰相反的东西,即生物体所具有的一种保守性质。"[11]

前面讲到,本能的目的是让人回复到受兴奋过程干扰之前的静止状态。本能的活动总是要排除外部刺激对人的作用,解除由刺激所引起的紧张,本能活动的状态总是从紧张状态过渡到松弛状态。有时也会出现这样的情况,比如性冲动的满足,其紧张总是在不断加强后得到解除。但是这与本能的一般原理并不矛盾,因为性冲动的终极目的仍然是让兴

---

[11] *Studienausgabe*, Band III, s. 96.

奋得到放松。弗洛伊德认为,本能的保守性从动物生活中的某些例子中可以得到证实,是历史地被决定的。例如,有一些鱼类在产卵期间,不惜长途跋涉,不远万里,只是为了到某一个远离它们惯常栖息的水域中去产卵,它们这样做,仅仅是为了寻找那些它们祖先曾经栖息过的场所。候鸟迁徙性飞行现象,也是由于其本能的保守性所致。与本能的保守性相联系的是本能的倒退性和强迫重复性,这也是多种本能乃至整个有机生命都具有的一种普遍性质。弗洛伊德认为:"本能是有机生命中固有的一种恢复事物早先状态的冲动。而这些状态是生物体在外界干扰力的逼迫下早已不得不抛弃的东西。也就是说,本能是有机体生命所固有的惰性的表现。"[12] 本能总是向早期状态倒退,本能的这种从兴奋到平静的反复循环倾向,叫作强迫性重复活动,日常生活中这种倒退性和强迫性重复活动处处可见。比如,觉醒与睡眠之间具有周期性和定时性的轮换交替;一日三餐;性欲满足后又产生新的性欲;等等。强迫性重复的各种表现在幼儿心理生活的早期活动中较为明显。例如在儿童游戏中,儿童喜欢重复那些已发生的经历,一个主要的原因是因为处在主动的地位,比起只是被动地体验一种印象,使他们更彻底地掌握这种印象,每一遍的重复,好像都能使他们寻求的这种掌握得到巩固。一般说来,我们不大可能说服一个即使是刚刚津津有味地读完一本书的成年人,立即去再将这本书重读一遍。

---

[12] *Studienausgabe*, Band III, s. 96.

四、本能的划分

除了研究本能的一般特点之外,弗洛伊德还对本能进行了分类。弗洛伊德说:"通俗的思想如何处理本能,那是你们知道的。他需要多少种本能,便假定多少种,如自夸本能、模仿和游戏本能,一个社会的本能及许多其他本能,它起用它们,各有各的任务,然后便弃而不用了。我们常揣想这许多小本能的背后,也许还有势力更大的东西,我们须予以审慎地考察。"[13] 由此可见,弗洛伊德的目的是力图透过日常的具体本能去探索原始的本能。

根据这一思想,弗洛伊德在早期研究中曾把本能划分为两种:自我本能和性本能,此后又提出生的本能和死的本能。

第三节　自我本能和性本能

一、自我本能与性本能

自我本能和性本能的划分主要是以生物学的事实为依据的。弗洛伊德说:

> 我们以为先将本能区分为两大类,使之相当于人类的两大需求——食欲和爱,想必不致有重大的错误。我们在

---

[13] *Studienausgabe*, Band I, s. 529.

其他方面虽不愿使心理学依存于他种科学而存在，但是在这方面我们不能不注意下面一个生物学的事实：即生物个体服务于自存及传种两个目的，这两个目的似各相独立，其起源也各不相同，而就动物而言，其利害更常相冲突。我们在这方面实即讨论生物学的心理学，而研究生命历程的心理的附属物。根据这个观点，我们乃介入"自我本能"（Ichtriebe）和"性本能"（Sexualtriebe）之内。[14]

"自我本能"这个概念的含义，在弗洛伊德的论述中是有变化的。最初，自我本能只是与人的个体保存相联系着，与其相应的是饥饿本能，它与性本能一起构成人的食、色两种本能欲望。以后弗洛伊德又从自我本能的保守性、倒退性和强迫重复性的观点出发，又引申出"死的本能"，乃至把"自我本能"与"死的本能"相对提出。最后从性欲扩展的观点出发，他又把自我本能和性本能结合在一起，共同构成了"生的本能"这个概念。

自我本能在人类生活中所表现的行为同性本能不一样，自我本能一开始即接受生存必要性的支配，其自身的发展需要适应现实，因而比较容易控制。因为自我本能如果不服从现实的意旨，便不能求得所需的对象，而个体如果没有这些对象，则难免于死亡。但性本能从来就感觉到对象的匮乏，并可自身求得满足，因而，它不完全接受现实必要性的

---

[14] *Studienausgabe*, Band I, s. 529.

支配。

按照精神分析的快乐原则，人类的心理都按照"趋乐避苦"的原则进行活动，但由于自我本能的实现对象在于外部现实，因此，自我本能的实现同时又受到现实原则的支配，所以，自我本能有时不得不放弃快乐而屈服于现实，暂时忍受一些痛苦，以等待更合适的机会来实现最后的满足。所以自我本能最后按照现实原则与快乐原则相适应的情况下来实现自己的目的。

关于性本能的问题，弗洛伊德最为重视，研究也最多。性本能是精神分析学说的基本理论支柱。从生物学的角度看，性本能是指与性欲和种族繁衍相联系的一类本能，它的生物学的基本意义在于保存种族。不过在弗洛伊德那里，更为关注的是它的精神动力，把它看成是驱使人的活动乃至创造的一种潜在因素。

关于性本能产生的原因及其与对象的关系所发生的最重要的演变，弗洛伊德说：

> 我这里欲列举的就是柏拉图在《会饮篇》(*Symposion*) 中借阿里斯托芬 (Aristophanes) 之口提出的那个理论。这个理论不仅谈及了性本能的起源问题，而且还探讨了性本能与其对象的关系所发生的最重要的演变。
> "原始人的本性并不是像现在这个样子，那时完全是另一番景象。最初有三种性别，不像如今只有两种性别。这三种是男性、女性以及男女混合性……"在这些原始人身上的每一样东西都是双重的，他们有四只

手、四条腿、两张脸、两个生殖器,其他部分也是如此。后来,宙斯(Zeus)决定把这些人劈成两半,"就像为了便于剔核把山梨切成两半那样"。人被分成两半之后,"由于每一半都十分向往另一半,于是他们就聚合在一起,相互间拼命地挥动着手臂,仍然渴望长成一个人"[15]。

弗洛伊德由此假设:生物体在获得生命的那一刻,被撕成许多微小的碎片,而这些碎片从此就一直竭力想通过性本能重新聚合起来。还假设:这些一直具有无生命物质的化学亲和力的本能,在经过了单细胞生物的发展阶段之后,逐步成功地克服了由某种充满了危险刺激(即迫使它们形成保护性皮层的刺激)的环境为这种重新聚合的努力而设置的困难。进而假设:生物体的这些零星的碎片以这种方式获得了成为多细胞生物的条件,而最后则以最高度集中的形成把要求重新聚合的本能传递给生物细胞。

弗洛伊德把性本能的问题分为性的对象、性的目的、性的表现等几个方面进行探讨。所谓性的对象,就是指那些放射着性吸引力的人物或自身器官。性的目的是寻求性快感的实现,以使性能量得以发泄。性的表现方法有性常态和性变态两种。但性常态和性变态之间并没有绝对的界限,是可以相互转化的。而且性本能的表现方法达到性常态是需要经过一个性感带不断发展转移过程的。

---

[15] *Studienausgabe*, Band III, s. 266.

弗洛伊德研究性本能是从分析"性变态"的病症开始的。他通过对同性恋、异装癖、施虐狂（Sadismus）、受虐狂（Masochismus）、窥阴癖（Schaulust）、裸露癖（Exibition）等各种性变态的观察，进一步了解了人类性冲动的真相和本质，发现了人类性欲起源于幼儿时期，经历了不同的发展阶段，才演变为成熟时期的常态性欲。他称他的研究为"力比多学说"（Libidotheorie）：

> 自我本能包括个体的生存、延续及发展。性本能包括幼稚的及反常的性生活。我们根据关于神经症的研究乃视自我为压抑的努力，性的冲动为被压抑的努力，结果不仅深知这两类本能的区别，且复深知它们的冲突。我们研究的目标本仅为性的冲动，而称其势力为"力比多"（Libido）。我们由性的冲动的研究，想规定本能的界说和性质。于此，我们乃进抵了力比多理论。[16]

下面我们来看一看弗洛伊德的力比多学说。

二、力比多学说

力比多（Libido）一词是由弗洛伊德借用的一个语词。在拉丁文中，Libido 一词有几层意义：渴望、愿望、强烈的愿望（一般用于贬义）；贪图；性欲、淫欲、肉欲；色情的作品。弗洛伊德用这个词时包含了前三个意义。在弗洛伊德不

---

[16] *Studienausgabe*, Band I, s. 530.

同时期的著作中,对力比多都有着不少的论述。

1905年,弗洛伊德在《性学三论》(*Drei Abhandlungen zur Sexualtheorie*)写道:"我们以其他的精神能量区分出力比多能量来,意在表述这样的假设:机体的性过程是经由特殊的化学变化过程得之于营养历程的,性兴奋不仅来自所谓的性部位,而且来自全身各器官。如此,我们为自己提供了一个力比多能量的概念。我们称其精神表现为自我原欲(IchLibido)。"[17]

在1916年的《精神分析引论》中,弗洛伊德写道:"力比多和饥饿相同,是一种力量、本能——这里指性本能,饥饿时则为营养本能——即借这个力量以完成其目的。"[18]

在弗洛伊德的后期著作中,对力比多概念又做了扩充。如在1920年的《超越快乐原则》(*Jenseits des Lustprinzips*)中写道:"我们所说的性本能力比多,相当于诗人和哲学家眼中的那种使一切有生命的事物聚合在一起的爱的本能。"[19] 1921年在《集体心理学和自我的分析》(*Massenpsychologie und IchAnalyse*)中写道:"力比多是从情绪理论(Affektivitätslehre)中借用来的一个语词,我们用它来称呼那种包含(爱)这个词下的所有东西有关的本能的能量。"[20]

1933年,弗洛伊德在《精神分析引论新编》中,讨论从

---

[17] *Studienausgabe*, Band II, s. 121.
[18] *Studienausgabe*, Band I, s. 309.
[19] *Studienausgabe*, Band III, s. 259.
[20] *Studienausgabe*, Band III, s. 259.

自恋力比多转移到对象力比多性质问题时，又提出：我们可以丢掉力比多这个术语，也可以把它用作一般意义上的精神能量的同义语。

从上面弗洛伊德的这些论述中，我们可以看到，力比多最初被理解为来自身体器官的一种本能的力量，其活动则是"借这个力量以完成其目的"。这里不单是性本能，还有营养、排泄等本能。以后，弗洛伊德把来自身体各器官的本能力量都看作是具有性的意义，从而又把力比多看作一种"性力"，或只属于性本能的能量形式。在后期著作中，弗洛伊德又把性本能作为一种更为广泛的动力学概念，而力比多又被理解为包罗一切爱的或生命本能的力量。这样，力比多又被理解为一种潜藏着的生命自身的创造力。同时，弗洛伊德还观察到，生命自身的另一面也包含着一种破坏力，它往往导向死亡，也是一种本能力量。因此，力比多这个概念，正如弗洛伊德后来所说的，"也可以把它用作一般意义上的精神能量的同义语"。

三、力比多的发展与性的组织

根据通行的观点，人类的性生活基本上就在于一个人设法使自己的生殖器与异性某人的生殖器相接触。与此相联系，作为附带现象和先导活动的是亲吻其外部躯体，巡视它和触摸它。这种努力被认为出现在青春期——并且服从于生育的目的。但是弗洛伊德认为，根据他所了解到的确切事实，是与上述观点的狭隘框框不相吻合的。因为以下几个原因：一是，值得注意的是，有的人只被同性的个体以及自己的生殖器所吸引。二是,同样值得注意的是,有的人他们的情欲行为极像是性行为,但他们同时又完全漠视性器官或他们的正常功用,这样的人被看作是"性变态者"。三是,引人注目的是,某些儿童很早就对他们的生殖器发生兴趣,并显示出了性兴奋(为此,他们被看作是"性变态者")。

依据上述三个受到忽视的事实,弗洛伊德得出了与流行的观点相矛盾的对性欲的看法。精神分析的这些主要发现在于:

1. 性生活并不仅仅开始于青春期,而是在出生后不久就开始有了明显的表现。

2. 在性的概念和"生殖器"的概念之间,必须做出明确的区分,前者是更为广泛的概念,它包括许多不涉及生殖器的活动。

3. 性生活包括从身体的某些区域获得快感的功能——这一功能后来才成为生育的辅佐。这两种功能经常是根本不一致的。

弗洛伊德把主要的兴趣集中在上述的第一个主张上,这一发现最为出人意料。弗洛伊德认为,根据他的发现,在童年早期就有性活动的身体标志,只有古老的偏见才会对此矢口否认。这些标志为我们后来在成人的性爱生活中遇到的精神现象相联系——像执迷于特殊的对象、嫉妒等。可是,进一步会发现,这些出现在童年早期的现象,构成了有序的发展过程的一部分,它们历经有规律的增长变化,至五岁末达到高峰,其后紧接着是间歇。在间歇期间,进展停顿下来,许多都被忘却了,并有很大的倒退。在这个潜伏期结束之后，人们所谓的性生活，便随着青春发育东山再起，可以说这是二度开花。在此，我们遇到了这样的事实，即性生活的发动是**二相的**，它涌现出两个浪潮。要紧的是，早期阶段的那些事件除了某些残余，都成了幼年记忆缺失的牺牲品。由此，弗洛伊德把人类的力比多的发展三个发展阶段：

第一阶段，弗洛伊德认为共分为三个时期。弗洛伊德认为，从出生三日起，作为性感带出现的，并向心灵提出力比多需求的第一个器官是口腔。所以，他把第一个时期称为"口欲期"。口欲期的年限表现在一岁以前的婴儿时期。在这一时期，起初，所有的精神活动都集中为口腔性感带的需要提供满足。当然，这一满足主要服从得到营养、自我保存的目的。但是生理学不应被混同于心理学。婴儿固执地坚持吸吮，证实了早期阶段追求满足的需要，这种满足尽管源出于摄取营养并由摄取营养所引起，然而却是努力去获得超出营养的快感。为此，可以，而且应该把它叫作"性"的。

第二个时期，称作"肛欲期"，大约从一岁半到两岁。弗洛伊德认为，在口欲期时，施虐的冲动已偶尔随着牙齿的出现而发生，其程度在第二个阶段会大为增长。这种冲动被称为"肛欲——施虐冲动"。因为，婴儿此时会在攻击和排泄功能中寻求到满足。弗洛伊德说："我们为包括力比多引导下的攻击驱力所做的辩护是基于这样的观点，即施虐癖是纯粹的力比多驱力和纯粹的破坏驱力的本能融合，这一融合从此不断地持续着。"[21]

---

[21] 弗洛伊德：《精神分析纲要》，安徽文艺出版社，1986年，第三章。

第三个时期就是人所共知的阳具欲期,其实,这是性生活所采取的最终形式的前兆,并且已非常类似于最终形式。值得注意的是,在这个阶段起作用的不是两性的生殖器,而仅仅是男性的生殖器。女性生殖器长时间一直默默无闻:儿童试图理解性的变化过程时,他们崇信古老的肛娩幻想——弗洛伊德认为,这一论说的合理性有着发生学的证明。这就是:开始,儿童总以为男女的性器官都是一样的,而当男孩偶然发现女孩的性器官不一样时,他首先是否认自己这种感觉的真实性;同时,又往往因此感到得天独厚而骄傲炫耀,喜欢暴露与表现。这就是"露阴癖"性变态的幼儿心理根源,称作"阴茎骄傲"。而女孩子由于偶然发现自己平白无故地缺少了一个突出看得见的小阴茎,因此常常羡慕与嫉妒男孩子有这种东西。这种现象可称为"阴茎嫉羡",从而种下了自卑或想与男孩竞争的过渡代偿的心理变化。

以上是性欲发展的第一个阶段,这个阶段发展的三个时期表明,婴儿的性满足完全是从自己的身体器官(口腔、肛门、阴茎)方面获得的。这是一种原始的自恋,随着阳具期的到来及其发展,童年早期的性欲达于顶点并临近终结,从此,男孩和女孩便有了不同的历史,这便进入了力比多发展的第二个阶段。

第二个发展阶段:"俄狄浦斯情结"(Ödipuskomplex)(约四岁到五岁)。

俄狄浦斯是希腊著名悲剧作家索福克勒斯(Sophocles)的著名悲剧《俄狄浦斯王》中的主人公,在这部戏剧中,俄狄浦斯王子因应验了一个神谕,不自觉地杀死了自己的亲生父亲并娶自己的亲生母亲为妻,故又称为"恋母仇父"情结。弗洛伊德用这个神话故事来说明儿童在这个阶段的心理活动特征。

前面讲到,幼儿开始时的性欲对象注重于自己身体的某一部分,随着时间的推移,他的力比多的贯注开始转向外界对象。又由于儿童最亲近的人是自己的父母,因此,男孩自觉不自觉地把自己的母亲作为力比多贯注的对象,而女孩则自觉不自觉地把自己的父亲作为力比多贯注的对象。但是由于父母早已是当然的性对象,因此,男孩在恋母的同时仇恨自己的父亲,认为父亲夺去了母亲对自己的爱,对父亲表现出不满和忌恨;反过来,女孩也是如此。

弗洛伊德认为,这种情结在儿童潜意识中普遍存在,并占据主要地位,支配着其生活和情绪,乃至在人的整个生活中,在人类生活中,在社会文化活动中,许许多多现象都可以用"俄狄浦斯情结"去解释。

儿童依恋异性双亲的这种态度并不是固定不变的,弗洛伊德认为,也有与此相反的态度,即力比多贯注于同性双亲,形成所谓颠倒的俄狄浦斯情结。这样就可能出现双重倾向:"这就是说,一个男孩不仅仅有一个对其父亲有矛盾冲突心理和对母亲深情的性爱对象选择,而且同时他的所作所为也像一个女孩,对其父亲表现出充满深情的女性态度和对其母亲表现出相应的妒忌的敌意。"[22] 当然,反之,女孩的表现也可能如此。

---

[22] *Studienausgabe*, Band III, s. 300.

第三个发展阶段，称为"后俄狄浦斯"阶段，约从六岁开始到成年。这一阶段又分为三个发展期：

第一个时期，称为"潜伏期"（六至十一岁），此时儿童期的俄狄浦斯情结解决，性欲被暂时冻结，几乎完全停止外露，因为社会的教化压抑了他们的力比多，使之不能一味追求本能的快乐，而处于压抑停顿状态，将力比多的能量潜伏起来。

第二个时期，称为"青春发育期"（十一至十四岁），潜伏的力比多又达到高潮，性器官已趋于成熟，力比多发展随之进入实际的生殖阶段。

这两个时期被称为"前生殖欲期"。其主要特点是性欲不直接与生殖关联。但从这个时期开始，情欲才真正以正常的形式出现，即性欲与生殖相关联。

第三个时期，称为"青年期"，约十五岁到十八岁或稍后。这是随着青春发育期相继到来的一个时期。一般地说，这一时期的主要特点是，青年人进行正常的婚恋，建立家庭，养育子女，获得生活上的职业保障，从事社会活动，以及取得事业上的成就，等等。这通常意味着人走向社会成熟的时期。

第四节　生的本能与死的本能

前面说到，在后期著作中，弗洛伊德把自我本能与性本能合而为一，形成以"爱欲"（Eros）观念为核心的"生的本能",并相应地提出了一种以破坏本能为主要内容的"死的本能",关于这一转变,弗洛伊德在《超越快乐原则》一文中有一段注释交代得特别清楚:

> 在此,我要补充几句话,来澄清我们的一些用语。在这本著作(按:指《超越快乐原则》一文)的叙述过程中,这些用语已经有了一些变化。我们一开始是从性本能与性的关系以及与生殖功能的关系来认识"性本能"的性质的。由于精神分析理论的某些发现,我们不得不使性本能与生殖功能之间的密切联系有所削弱,但我们仍然保留了性本能这个名称。由于提出了自恋性力比多的假设,由于将力比多概念引申到解释个体细胞,我们就把性本能转变成了爱欲(Eros),这种爱欲旨在迫使生物体的各部分趋向一体,并且结合起来。我们把人们通常称作性本能的东西看作是爱欲的组成部分,而这一部分的目标是指向对象的。我们的看法是,爱的本能从生命一产生时便开始起作用了。它作为一种"生的本能"(Lebenstrieb)来对抗"死的本能"(Todestrieb),而后者是随着无机物质开始获得生命之时产生的。这些看法是想通过假定这两种本能一开始就相互斗争来解开生命之谜。

这是 1920 年写作本文时加的注释,一年后,即 1921 年,弗洛伊德在这个注释的后面又增加了下面的内容:

也许，要理解"自我本能"这一概念所经历的转变过程并不太容易，起初，我们用这个名称表示所有与以对象为目标的性本能相区别的本能的倾向（关于这类本能的倾向，我们当时还没有更深的了解）。而且我们把自我本能同以力比多为表现形式的性本能对立起来。之后，我们对自我做了进一步深入地分析，从而认识到"自我本能"的一部分也具有力比多的特点，并且它以主体本身的自我为对象，因此，这些自恋性的自我保存本能 (narzißtishen Selbsterhaltungstriebe) 也应被包括在力比多的性本能范围内。这样一来，自我本能和性本能之间的对立就转变成自我本能和对象本能 (Objekttriebe) 之间的对立，这两种本能都具有力比多的性质。然而又出现了一种新的对立，它取代了原来的对立，这便是力比多（自我和对象）本能 (Libidinösen [Ichund Objekt] Trieben) 和其他一些本能之间的对立，据推测，这后一本能是存在于自我之中的，实际上或许可以从破坏性本能 (Destrutionstriebe) 中观察到。我们的观点是把这种对立转变成生的本能（爱欲）和死的本能之间的对立。㉓

弗洛伊德在这里讲到了他思想变化的两点理由：一是，前期关于自我本能和性本能的划分不科学，它们事实上是一种东西，现在他从严格的二元论角度出发，划分出生的本能与死的本能是比较科学的。"我们的观点从一开始就是二元

㉓ *Studienausgabe*, Band III, s. 269。

论的，而今天，既然我们不把两种本能之间的对立看作是自我本能和性本能的对立，而看成是生的本能和死的本能的对立，那么，我们的二元论就比以前更明确了。"[24]二是，1914年弗洛伊德提出了"自恋"（Narzißmus）这一概念，使自我本能与力比多之间的对立难以成立。

除了这两条理由之外，弗洛伊德后来又提出了两条理由：一是，佛教"涅槃"原则的影响。"在心理生活中，也许可以说是在普遍的神经活动中，占优势的倾向是：努力使那种因为刺激而产生的内部张力减弱，或使其保持恒定，或将其排除用巴巴拉·洛（Babara Low）的术语说是'涅槃原则'（Nirwana-prinzip）。这种倾向表现在快乐原则中，而对这个事实的认识便构成了我们相信有死的本能存在的最有力的根据之一。"[25]可见，东方的死之概念对弗洛伊德产生了深刻的影响。二是，第一次世界大战所带来的血腥恐怖，也深深地刺激了弗洛伊德，战争使他认识到，原先的理论是解释不了这场灾难深重的战争的，为了使自己的理论更加紧密地与社会生活结合起来，弗洛伊德在第一次世界大战以后就确立了死的本能的思想。

从上面所引用的一大段话中，我们还可以看到生的本能与死的本能的基本思想。

首先，就其一般的意义而言，生的本能（包括自我本能和性本能），是表现为生存的、发展的和爱欲的一种本能力

---

[24] *Studienausgabe*, Band III, s. 262.
[25] *Studienausgabe*, Band III, s. 264.

量,它代表着人类潜伏在生命自身中的一种进取性、建设性和创造性的活力。死的本能表现为生命发展的另一种力量,它代表着人类潜伏在生命中的一种破坏性、攻击性、自毁性的驱力。生的本能的目标在于不断地建立更大的生命存在的统一体,并极力维护这种统一体的聚合、亲和;相反,死的本能的目标在于破坏、分解或毁灭这种亲和体。弗洛伊德认为,就破坏本能而言,我们可以设想它的最终目标是使生机勃勃的有机体最后回归于无生命的无机状态。因此,破坏本能也可以称为死的本能。

第二,从精神分析的观点来看,这两类本能的划分更有利于解释弗洛伊德在临床医学中所碰到的问题。例如施虐癖和受虐癖。施虐癖体现的是死亡本能的冲动,而且这种冲动不是指向自我,而是指向外部对象,体现了死亡本能的倾向。施虐癖与受虐癖可以转化,这些都是死的本能的代表。当然,弗洛伊德的死亡本能并不是我们日常所说的自然死亡现象,而是在生物体中起作用的力。"至于我们研究的,则不是生物体,而是在生物体中起作用的力,这种研究结果使我们区分出两种本能:一种是引导有生命的物体走向死亡的本能;另一种是性本能,这种本能始终致力于使生命获得更新。"[26]

第三,从表现形式上看,生的本能主要表现为自我保存的本能、繁衍种族的愿望和生长并实现自己潜能的倾向,除此之外,主要表现为爱欲 (Eros) 的各种形式。而爱欲则直

---

[26] *Studienausgabe*, Band III, s. 255.

接来源于性本能的发展。

死的本能主要表现为生命自身中的破坏力，一种是其能量向外投射，表现为残杀、仇杀和侵犯等。一种是其能量向内投放，表现形式是自罪自责、自杀等。

但是，生的本能和死的本能并不是截然对立的，它们之间还可以相互转化。弗洛伊德说，我们可以从爱和恨的两极的辩证关系，对生的本能与死的本能两者之间相互包含、相互转化的关系窥见一斑。爱和恨按照意外的规律性伴随着、呈现出矛盾的心理，不仅仅在人类关系中，恨常常是爱的先驱，而且在许多情况中，恨转化为爱，爱转化为恨。例如在迫害妄想狂中，病人用特殊的方法挡住了对某些特殊人物的过分强烈的同性恋的依恋。结果，他最爱的人成为一个迫害者，病人对他采取常常是危险的进攻，在这里得明显地存在着把爱转化为恨的阶段。

总之，在弗洛伊德看来，无论是生的本能还是死的本能，它们的能量或驱力都来自"力比多"。"好像这是生物生命的一种节奏：一组本能促使生物尽快地达到生命的最终目的，另一组则使生物返回到一定地方，以便重新开始发展过程，从而延长这段途径"。弗洛伊德甚至认为，无论是个人，或是社会的斗争，都是由于这两种本能冲突的缘故。

第八章 精神分析的文化哲学

弗洛伊德通过研究人类的变态行为而深入到人类的心理底层，提出了他的精神分析理论；与此同时，他还把自己的精神分析理论应用到社会文化领域，提出了他的精神分析的文化哲学。弗洛伊德自己回忆说："自从我写作《梦的解析》开始，精神分析就不再是一个纯粹的医学主题了"[1]，"我的兴趣，在我于自然科学的医学和心理治疗上走了终生的弯路之后，又重新回到从很早以前使我流连忘返的那些文化问题之上"[2]。

弗洛伊德为什么要把他的精神分析理论从医学心理学领域扩展到文化领域呢？除了上面所说的生平爱好之外，还有其深刻的理论动机：

> 你们知道，我们（第一次应用精神分析）的初意，是要了解人类心灵的各种紊乱现象。因为，有一种惊人的经验昭告我们，认识与治疗几乎是同步进行的，实

---

[1] *An Autobiographical Study*, p. 115.
[2] *An Autobiographical Study*, p. 133.

际上是由此及彼的。这个初意，在很长的时间，成为我们唯一的意旨。后来我们发现，病理的历程与所谓正常的历程密切相关，或者竟是根本相同。从此，精神分析变成了深度心理学 (Tiefenpsychologie)；而且，由于人类的所作所为没有心理学的帮助是无法了解的，所以精神分析在多种知识领域内，尤其是在精神科学方面的应用是不期然而然的，并使我们不得不加以注意和推测。不幸我们所要完成的工作遇到了障碍，而这种障碍又是我们这种工作情境本质所应有的，所以现在仍未克服。这种应用本需要专门的学识，而精神分析学家们又缺乏这种学识，但另一方面，那些掌握了专门知识的人，即有关领域的专家，却又对精神分析一无所知，而且可能也不想知道什么。结果精神分析学家们急急忙忙获取或多或少的适当数据，以业余者身份侵入神话学、文化史、人类学、宗教学等领域内。这些领域的专家把精神分析者看成是闯进来的门外汉；分析的方法和结果如果引起任何注意，也立即被横加驳斥了。但是，我们的地位现在已较有进步了，研究分析而欲以它应用于各学科方面的人数逐渐增加，恰如从拓荒者变成了丰收者。我们也许于此可望有新知识的收获，而且精神分析的应用常常肯定了精神分析的正确。在科学研究和实践活动相距更远的区域之内，其不可避免的意见分歧，也已经不那么尖锐了。③

---

③ *Studienausgabe*, Band I, s. s. 574-575.

从这段引文中，我们可以看到，弗洛伊德把他的这一理论应用到社会科学领域主要是因为：

1. 精神分析所发现的心理现象与社会发展中的现象具有密切的关系，甚至具有同一性。

2. 社会文化现象中的应用可以进一步确立精神分析的正确性。

3. 社会文化领域（包括神话学、文化史、人类学、宗教学等）的专家们不了解甚至不承认精神分析学所发现的结果对于社会文化具有多么有益的贡献，所以精神分析学家们只好"闯入"这些领域。

因此，可以说是一种责任心、一种使命感、一种必然性迫使弗洛伊德把他的精神分析应用到社会文化领域方面。

当然，由此也引出了不少问题，最主要在于他们并不是这些学科的专家，对这些学科的知识知之甚少，因此，当他们把精神分析应用到这些学科之中的时候，难免表现出"门外汉"的面目，他们的起步艰难而缓慢，理论难免幼稚。但是随着应用的精熟，他们的理论日渐成熟起来，尽管有许多不能自圆其说的地方，可是毕竟具有了极大的影响，形成了精神分析的社会文化理论。

第一节　论文明

弗洛伊德所说的"文明"与我们通常所理解的文明不同。在他那里，文明（Zivilisation）与文化（Kultur）混合在一起，因而具有这两方面的含义，大致相当于我们日常理解的"人类文明发展史"中"文明"一词的含义。因此，我们将他的"文化"(Kultur)一词也译作"文明"。因为事实上，在弗洛伊德那里，Zivilisation 与 Kultur 是同一个东西。他说："所有人类文明 (die menschliche Kultur)，我的意思是指人类生命从本身动物状态发展而来，而且不同于野兽生命的所有方面——我不屑于对文化 (Kultur) 与文明 (Zivilisation) 加以区分。"④

关于文明的基本含义，弗洛伊德做了如下的说明：

> 如我们所知，人类文明往往向观察者呈现两个方面：一方面，它包括人类为了控制自然的力量和汲取它的宝藏以满足人类的需要而获得的知识和能力，另一方面还包括人类为了调解人与人之间的相互关系，特别是为了调节那些可资利用的财富分配所必需的一切规章制度。⑤

弗洛伊德根据自己的精神方面的研究成果，还分析了人类文明起源的根本动力。在《图腾与禁忌》(*Totem und Tabu*，1913年) 一书中，他首次描述了人类原始状态历史发展的精神分析的图景。此后，特别是在《摩西与一神教》(*Der Mann Moses und die monotheistische Religion*，1939年出版，1934—1938年写作) 一书中又研究过这一课题。对

---

④ *Studienausgabe*, Band Ⅸ, s. 139.
⑤ *Studienausgabe*, Band Ⅸ, s. 140.

原始社会许多富有特征的现象（原始人的心理机能的机制、原始禁忌的形成过程——禁忌、万物有灵说和图腾崇拜的产生）的说明，弗洛伊德都是在研究典型儿童神经病患者（儿童恐惧症）时获得的材料的基础上进行的。其理论基础是"俄狄浦斯情结"。

弗洛伊德研究过一个五岁男孩的恐惧症，这个男孩对马感到恐惧，甚至认为马会跑进房里咬他，后来发现，他常常希望马摔倒（即死亡），又怕马的报复。弗洛伊德分析说，为什么他会恨马和怕马呢？原来，他当时正在与希望他父亲失踪（出外旅游或死亡）的愿望做斗争。他把父亲看作是和他争夺母亲之爱的竞争者，而母亲正是他那种朦胧性爱的对象。这个小男孩把对父亲的某些情感移置到动物身上了。弗洛伊德认为，这种态度是一个男性小孩对待双亲的典型态度——俄狄浦斯情结。

这个孩子为什么会把对父亲的态度移置到动物身上呢？换句话说，这种移置作用的动机是什么呢？弗洛伊德认为：为了争夺母亲的爱，在小男孩心中引起的对父亲的仇恨并不能毫无阻挡地占据统治地位，它还必须与长期以来他对这同一人物所建立的性爱与仰慕做斗争。当他把敌意和恐惧的情感都移置到一个代替物身上时，他就从这种对父亲的双重矛盾情绪的冲突中得到了宽慰。然而，这种移置作用并不能使冲突完全消失，它不能截然分开性爱与敌视这两种感情。相反，这种冲突延伸到对象身上去了，因为弗洛伊德发现，这个小男孩不仅害怕马，他还怀着仰慕和兴趣去接近马。并且更有甚者，一当他的焦虑开始减退时，他就把自己当成这一令他害怕的动物了。他开始像一匹马那样跳跃，还咬他的父亲。在另一时期，为要消除他的恐惧时，他又会毫不犹豫地把他的双亲比作其他的大动物。

弗洛伊德由此而描绘出原始社会的景象：在人本身形成的早期，人生活在父亲起主导作用的原始群落内，儿辈们都得服从父亲的权威和意志，只有父亲一人享有对妇女的占有权，而那些长大成人试图行使自己的权利的儿辈们，则只会被父亲逐出原始部落。由于争夺妇女而产生的冲突情境的可能性，被父亲所采取的果断行动所预先制止了，而父亲则由于身强力壮而捍卫了自己对妇女的独占权。但是这种状况终于不能维持多久，被父亲逐走的儿辈们纠集到一起，把父亲杀死并吃掉，从而结束了原始父权部落。但是，儿辈弟兄们却在双重感情的影响之下——即使在今天，这种双重感情仍然在儿童和神经症患者的身上表现出来：儿辈们既仇视父亲又爱慕父亲，杀死父亲而使自己仇恨得到满足的儿辈们，为温情脉脉的血缘感情所控制，而这种血缘感情正是意识到罪恶和忏悔产生的基础。这就促使他们要永远把父亲作为图腾而铭记在心。同时，他们也宣布杀戮父亲并取而代之，这是不容许的。对于自己所干的事情的罪行的认识，也迫使兄弟们放弃了他们所想要的妇女，并规定乱伦的禁忌。这样就产生了图腾崇拜的主要禁忌，而这些禁忌是与那种被排挤的"俄狄浦斯情结"欲望相一致的。在弗洛伊德看来，人类的文明始于这一伟大的事件，这一事件使人永远铭记起他们祖先的罪行。"至此，社会以对共同罪恶的认同为基础；宗教以一种忏悔的罪恶感为基础；而道德则部分以社会的迫切需要，部分以由罪恶感所产生的赎罪行为为基础。"⑥

对于文明，弗洛伊德并不总是持肯定的态度，尤其是对现代文明，弗洛伊德进行了深刻的批判。我们知道，从十九世纪末到二十世纪初，西方许多思想家如施本格勒、马克斯·韦伯、西姆梅尔、琼尼斯等人描述和揭示了西方文明的危机，弗洛伊德在这方面也属于"文明危机"学派。他指出西方道德和人的行为的功利主义动机之间的不协调性，思想和感情的从众趋向，个性的易感性，道德的空虚，社会上的小圈子习气，贪婪、欺骗和诽谤的表现；同时他也注意到这样的事实：人们不是过着丰富多彩的生活，而是经常处于由文明的物质成果而造成的恐惧和不安中，因为这些文明的物质成果会被用来反对人们。弗洛伊德还强调指出，恐惧和不安感之所以日益加剧，是因为本来作为调节人们之间关系的各种社会制度却作为莫名其妙的异己力量同人们相对抗。他认为所有这一切都源于人对侵略和破坏的自然倾向，即人类的"死亡本能"，因此，人类痛苦的社会源泉是无法消除的，它经常在威胁着人类。正是由于这种"死亡本能"，文化和文明才经常处于毁灭的威胁之下。人的"生的本能"与"死的本能"不断地进行着斗争，文明负有促进克制人的侵略本能的使命。当文明做到这一点时，侵略就变成了人的内心世界的一部分，这就不可避免地导致神经症。由于文明不是某个人的财富，而是众人的结晶，这就产生了"集体神经症"问题。因此，弗洛伊德提出这样一个问题：某些文明时

---

⑥ *Studienausgabe*, Band Ⅸ, s. 430.

期是否就是"神经症时期"？人类是不是在现代文明和社会的限制的影响下成为"神经症"的呢？弗洛伊德讲道，对"社会神经症"的精神分析是一种可能的治疗社会疾病的社会的办法，然而他却留下了一个没有答案的问题。他只是把文明发展和个别个体的发展、社会神经症和个体神经症的本质做了模拟，同时，他表示了一个希望：或许在哪一天会提出对于文明病理学进行研究的可能性。但是，对于产生"社会神经症"的真正原因和消灭"社会神经症"的途径和办法，弗洛伊德都没有阐明。

因此，弗洛伊德与其说是个西方文明的悲观主义者，倒不如说是个怀疑论者。与那些"文明危机论"者中的虚无主义者比起来，弗洛伊德的许多观点是可取的、值得沉思的，因此他的许多观点为西方思考人类文明命运的理论家所接受。

第二节 论宗教

在弗洛伊德的文化哲学观中，论述得最多的是宗教，他的文明论是与他对宗教的起源与实质问题的阐述紧密地结合在一起的。他曾试图用精神分析的观点来说明宗教信仰、宗教仪式，论证宗教在全人类文化和人的生命活动中的作用。

最初，弗洛伊德根据对强迫性神经病的比较分析和教徒举行的宗教仪式来研究宗教的实质和起源。在 1907 年写的《强迫性行为与宗教活动》（*Zwangshandlungen und Religionsubüngen*）一书中，弗洛伊德提出了这样一种思想：

强迫行为和宗教信仰尽管它们的各个方面都不相同，但都具有以隐蔽的形式压抑人的无意识欲望的功能。换句话说，这两种现象作为基础的东西就是节制自然欲望的直接满足，这就决定它们彼此是相似的。由此，他得出一个结论，强迫性行为、强迫性神经症可以看作是宗教发展的症理学的复制品。同时，他给神经症和宗教定义为："神经症是个体的宗教性，宗教是强迫状态的普遍的神经症 (die Neurose als eine individuelle Religionsität, die Religion als eine universelle Zwangsneurose zu bezeichnen)。"[7] 这样一来，在弗洛伊德心理学解释中，宗教是人反对自己的无意识欲望的一种保护措施。这些无意识欲望在宗教信仰中得到满足的隐晦曲折的形式，使意识和无意识之间的个体内部心理冲突失去其尖锐性。弗洛伊德的这种宗教观与其早期的对人类文明发展的解释相一致。根据他的解释，人的情欲的外部和内部的压制是文明进步的基础。弗洛伊德认为，实现压制人的本能过程的一部分，有益于宗教，各种各样的宗教仪式和典礼象征着人放弃直接的肉体快感，为了以后能够得到平静和幸福感，作为对节制肉体享受的回报。在他看来，宗教中恰好反映出人的心理机能活动从"快乐原则"向"现实原则"转变的使命，宗教仪式的宗旨就是推迟对人的愿望的满足，使无意识愿望转到社会上普遍接受的崇拜神的层面上。

弗洛伊德就是从这种观点考察古代宗教的，在这些宗教中，人把自己放弃的许多东西转给神了，并且只能以神的名

---

[7] *Studienausgabe*, Band VII, s. 21.

义才被允许。信仰这些宗教的古代人在神那里仿佛发现了自身，虽然在他们的意识之中出现的只有神的形象。他们仿佛在外面把自己内部无意识的论据做了投影，赋予神以人所固有的内部心理素质。由此可见，宗教在弗洛伊德那里获得了纯心理学的（更确切地说是精神分析的）解释。其基点是人使无意识欲望得以升华的能力，从外部给无意识欲望的投影和对社会不能接受的、被禁止的愿望象征性的满足的能力，在他的整个科学活动时期，他一直都坚持这种见解：宗教迷信、信仰和神话世界观无非都是"投影于外部世界的心理学"。

在《图腾与禁忌》一书中，弗洛伊德从"俄狄浦斯情结"出发来对宗教的产生进行解释。在前面，《论文明》一节，我们已看到，弗洛伊德认为，在原始部落里，儿辈们在杀死父亲以后，认识到自己的罪行，在双重情感影响之下，他们用图腾的动物来缓解这种双重的压力。于是儿辈们用图腾的动物来代替父亲。但是，作为图腾，他们对待这些动物的方式和态度又超出了悔罪的需要，弗洛伊德说：

> 他们企图通过与这位代理父亲的关系来减轻他们严重的罪恶感，与他们的父亲取得谅解。图腾制度从某种意义上说就是一种与父亲订立的契约。他允诺给予一个父亲所能提供给他的孩子们所期望的一切——保护、照顾和恩惠，而在他们这一方面，他们保证尊重他的生命，那就是说，保证不重复毁灭他们真正父亲的那种行为。另外，图腾崇拜还包含有一种自我裁判的意思："如果我

们的父亲像图腾这样对待我们,我们绝不应想到去杀害他。"就这样,图腾崇拜使一切事情都和缓平稳了下来,也使人们逐渐忘却了它的起源。

于是,对宗教起决定影响的一些特征开始产生了。图腾宗教起源于这种子孙的罪恶感,起源于企图减轻这种痛苦,而用推迟性服从的方式来求得父亲的宽恕。此后所有的宗教也都在致力于解决这同一的问题。它们之间的差异只在于其所由发生的文化阶段不同和采取的方法不同而已;但它们都具有同样的目的,都是对使文明得以开始的那同一事件的反应,自从这一事件发生以后,人类从来就没有得到过一刻安宁。⑧

这种对弗洛伊德说来仿佛是新的关于宗教产生的观点,实质上是与他的精神分析观点是不矛盾的。只是在宗教问题上反映出来的关于人放弃自己的愿望以及对这些愿望的象征性满足的一般论断,现在用具体内容充实起来。宗教产生的机制都仍然如故,被归结为对无意识欲望的压制。区别只是在于:第一种情况,是从人的仪式活动的无意识心理定势方面来进行考虑的,而第二种情况则是从心理的转变,以及仇恨而又眷恋的一个对象被另一个对象所取代。从这一意义上来说,弗洛伊德认为,野蛮人的禁忌对现代人来说并非是格格不入的。在现代人的无意识的内心深处,仍无形地存在着"俄狄浦斯情结",因此,具有无意识的杀人的天性。但

---

⑧ *Studienausgabe*, Band Ⅸ, s. s. 428-429.

是，这种杀人的天性被现在的禁忌所抑制，现代的禁忌就是按基督教戒条"勿杀戮"类型规定的道德规范和伦理律令。

弗洛伊德还力图从社会方面来考察宗教的产生。在弗洛伊德看来，图腾崇拜不仅是宗教体系，而且也是社会体系，其基础是为儿辈们所承担的一切义务（即儿辈对父亲的替代物——图腾，对部落的妇女以及彼此之间所承担的义务）所制约的社会联系。不过，社会方面在这里虽然被指了出来，却只是局限于部落的儿辈们作为一般心理定势所采取的协议和义务这个狭隘的框框里。就其实质来说，这里所讲的不过是宗教的社会心理的基础。

弗洛伊德在《一个幻觉的未来》（*Die Zukunft einer Illusion*，1927年）一书中还提出了宗教产生的另一种说法。他提出的这一说法的立足点是，关于人类在其周围的自然力量面前软弱无力和孤立无援的假说，关于人必须自卫以防止未被认识的超人的力量侵犯的假说。在弗洛伊德看来，当自然界的力量还是模糊不清的，因而也是与人格格不入的时候，人是不能了解它们的。因此，他力图赋予自然界以灵性，使它人性化，以后必须运用他日常生活中使用的那些手段去征服大自然。他可能试图讨好有灵性的自然界客体，使它成为崇拜的对象，从而或削弱它的威力，或使它成为自己的同盟者，这样就产生了最初的宗教观念，它们是对人天生的软弱无能的某种特殊的补偿。

随着时间的进展，人们对自然现象中法则的规律性和一致性进行了初步的观察，与此同时，自然的力量便失去了它们的人性。但是，人的孱弱无助仍然存在，因此仍然渴望父亲和诸神的帮助。诸神们身兼三任：他们必须驱除对自然的恐惧；它们必须使人和残酷的命运协调一致，特别是像在死亡中所表明的那样；它们必须补偿文明生活普遍强加于它们的痛苦和贫困。⑨

但是，弗洛伊德认为，在这些功能的内部，逐渐发生了重点的替换。人们观察到，自然现象是根据内部需要而自动发生的。毫无疑问，诸神就是大自然的主宰；它们对大自然做了如此安排，现在则让它自行其是。只是在偶然的所谓奇迹的情况下，它们才介入了自然的发展过程，好像在表明它们丝毫没有放弃最初的权力范围……自然的自主性越多，诸神从自然中撤离的就越多，指向诸神的人性化方面的功能的期望就越诚挚、越认真——就是说，道德就愈益成为真正占支配地位的东西。铲除文明社会的这些不足和邪恶，注意人们在生活中相互造成的苦难，关注文明戒律的实施，就成为目前诸神的一项任务了。

由此可见，弗洛伊德终于越出了他的精神分析的心理学领域，把他的视野扩展到了自然与人类社会，并且从人们征服自然、改造自然的负度，在认识论和社会根源上来探询宗教产生的根源，他的文化哲学日臻成熟，他的观点具有了较大的说服力。

---

⑨ *Studienausgabe*，Band Ⅸ，s. s. 151-152.

接着，弗洛伊德又考察了宗教的心理学意义，他认为：

> 宗教观念是关于外部（或内部）现实的事实和条件的教诲和主张，这些教诲和主张能告诉人们尚未发现的一些事情，并要求人们产生信仰。因为，这些宗教观念能向我们提供什么是生活中最主要和最有趣的事情的信息，所以受到特别地高度评价。对此一无所知的人是非常愚昧的人；而用这些观念充实自己知识的人可以认为自己是最富有的人。⑩

宗教之所以具有如此大的吸引力，其秘密就在于人的无意识欲望。前面讲过，弗洛伊德在考察人类的文明史时，曾经设法去揭示人类从"自然"情欲向"文化"情欲转变的情景，并把文化看作是对人的无意识欲望压制的结果和形式之一。弗洛伊德认为，从这一意义上说来，宗教是对人类文化的某种效劳，因为它抑制着那些扰乱每一个体心灵的无意识欲望。

按照这种观点，宗教似乎是应当赋予人以幸福感，对人在日常生活中所经受的困难、失败和失望给予补偿。但是弗洛伊德认为，从精神分析的实践中发现，事实却恰恰相反：生活于现代的人是不幸的，其中许多人都是神经衰弱者，他们不会把内部需求同宗教和文化的要求协调起来。现代西方的许多学者认为，现代人的不幸是由于宗教影响的丧失，弗

---

⑩ *Studienausgabe*, Band IX, s. 159.

洛伊德不同意这样的看法。认为，宗教观完全占据统治地位的上几个时代的人们未必是更幸福的。此外，无数历史事例证明，不道德总比道德得到宗教的支持更多。

通过大量而深入的研究，弗洛伊德得出了下面这一无神论的结论：

> 我们现在可以重申，所有这些宗教教义统统都是幻觉，都是无法证明的。决不能强迫任何人认为它们是真实的，从而相信它们。其中有许多观点简直是不可能的，和我们辛辛苦苦地发现的关于现实世界的一切简直毫无共同之处，因此我们——如果我们适当注意一下那些心理差异的话——就会把它们与妄想相比较。⑪

他断言，如果人类从宗教这一沉重的负担下解放出来，那么人类不是有所失，而且是有所得。

但是，对于宗教的消失，既不能使用强力，也不能要求一下子实现。"一开始就试图用强力或者一下子就完全废除宗教，这当然是毫无意义的。首先是因为这样做是毫无希望的……而这样做即使稍微获得些许成功，那也是十分残酷的"。要知道，宗教观念多少世纪以来一直牢固地留在人们的意识之中。他认为，要从人的意识中消除宗教观念的可能性是和精神分析的疗程联系在一起的。无论在哪一种情况下，无意识的东西将逐渐被挤掉，而代之以人的理性的脑力

---

⑪ *Studienausgabe*, Band IX, s. 165.

活动。他认为,这一点能够促进个别人和全人类的自觉地对待重新审查的和全理论论证的文化规定。但是在这方面还有待于持久而勤恳耐心的工作。正如精神分析学家治疗精神病人一样,这是一个渐进的过程。

第三节 论艺术创作

弗洛伊德在分析文艺创作和艺术问题的特征时也使用了精神分析方法。弗洛伊德起初用"俄狄浦斯情结"为基石来进行分析。他认为,在"俄狄浦斯情结"中,"宗教、道德、社会性和艺术的原则"是历史地"相一致的"。艺术起源于想象力,儿辈们借助于想象力,放弃了在现实生活中成为父亲替代者的打算,在想象中取代父亲的地位,试图以此来满足无意识的欲望。谁的想象力特别发达,谁就成为第一个诗人。他能将自己的无意识欲望罩上一层神话的色彩,无意识欲望也借助于这种色彩而不再是危害社会的东西,它就成为诗人本身的想象中和那些听从诗人呼声的其他人的幻想中的自我满足的工具。弗洛伊德认为,诗的想象力,能够掌握住群众,并且将群众吸引到幻想和想象的世界中去。所以,诗的想象力具有重大的意义,这是因为它的基础是对原始的父辈的激情的眷恋感。

总之,在弗洛伊德看来,幻想和神话创作是无意识欲望升华的表现。精神分析的治疗无论在哪种情况下都提供无意识"语言"的译解,而这种无意识"语言",在幻想、神话、故事、梦和艺术创作中，仿佛是以符号的形式寻得自身的独立。因此，艺术被弗洛伊德看作是通过排除人的意识中不被社会所接受的冲动，来调和"现实性"和"满足"这两个对立原则的一种特殊方法。艺术有助于消除人生活中的现实冲突和保持心理平衡，也就是起着消除病症的特殊疗法的作用。在艺术家的心理中，这一点是通过他的创作的自我净化和把无意识欲望消融在社会可以接受的艺术活动中来达到的，就其本身的意思来说，这一疗法使人想起亚里士多德的"净化"。但是，如果说在亚里士多德那里精神净化的方式仅仅是悲剧，那么精神分析学家弗洛伊德则认为，净化是一切艺术的特征。

弗洛伊德还力图揭示文艺作品的本质，首先是诗歌创作的本质。在弗洛伊德看来，人的这类精神活动的初始痕迹应当到儿童那里去探寻。无论是诗人还是儿童，都能够创造自己的幻想世界，而这种幻想世界并不是日常的想象，而是富有诗意的想象。儿童在游戏过程中根据自己的情趣改造现有的世界，并且对待自己幻想的成果十分严肃。诗人也是如此，由于具有创造的想象力，不仅在艺术中创造了新的美妙的世界，而且常常相信它的存在。弗洛伊德看到了这一事实。但是，他通过他的精神分析思维的中介解释说，不论是儿童的游戏和幻想，还是诗人的创作，其基础都是以情欲为主导地位的隐蔽的无意识欲望。由此得出结论说，人的幻想（包括诗人的创作）的动因和刺激，不是贪图功名的愿望，就是情欲。在弗洛伊德看来，这些无意识的欲望构成了文艺作品本身隐蔽的内容。

弗洛伊德在考察诗歌创作的动机时，还提出艺术作品对人的心理影响的问题。他注意到人对艺术作品，特别是对诗歌作品的感知的真正享受，这并不取决于这一享受的根源是令人愉快的，或是令人不愉快的印象。但是，用祁克果的话来说，"诗人即不幸的人，这一点是能够做到的，他的心灵中有着无以名状的痛苦，他有一张这样的嘴，呐喊和呻吟从他的嘴冲出来时，听起来像是优美动听的音乐"。对于祁克果的这一观点，弗洛伊德认为，这种效果，是诗人把自己的无意识的愿望转变为已不能引起道德个性愤慨的象征形式而取得的，如果不加掩饰地描述无意识的东西，其情况就是如此：诗人使私欲和情欲的性质冲淡，掩饰它们，赋予诗的幻想的形式，从而引起人们美的享受。弗洛伊德的学生兰克在解释这一点时，说得更清楚，他说，诗歌采用的"形形色色的爱抚、改变动机、转向反面、减弱联系，一种形象分为多种形象，过程加倍，把材料特别是符号诗化"等，从精神分析的观点看来，从诗歌作品中之所以能得到真正美的享受，是因为在每个人的心灵中都蕴藏着类似诗人具有的无意识欲望。

弗洛伊德关于文艺作品对人的影响机制的阐释，同法国柏格森的观点是一致的。弗洛伊德在研究喜剧作品的本质时曾不止一次地援引柏格森。在柏格森看来，艺术的使命是迫使人去揭示自然界中和在他本身之内所存在的、不论是借助于自己的感觉还是借助于意识都不能很清楚地加以发现的那些东西。象征地描述自己心灵状态的艺术家们，唤起人生来就有的内在心理状态。柏格森说，当艺术家对我们说的时候，我们面前就出现情绪和思绪的细微差异，无疑很长时间以来，我们就有这些差异，但是看不出来。柏格森表示了人对艺术作品感知的一般想法。但弗洛伊德与柏格森不同，他试图揭示人的心灵中那些积淀的内容，这些积淀是在诗人魔力的影响下浮现在意识表面的。在弗洛伊德看来，人的心灵的这些积淀仍旧是私欲和情欲，它们仿佛是以象征的形式再现于诗人的想象之中。

下面我们以弗洛伊德对达·芬奇的"圣安娜"和"蒙娜丽莎"的分析为例，来看看弗洛伊德是如何揭示他上面所说的那些创作"秘密"的。

弗洛伊德把"圣安娜"这幅画说成是达·芬奇童年历史总结的艺术描绘：这幅绘画构图的细节，被说成是与达·芬奇有两个母亲有关的亲身体验。在父亲的家里，小达·芬奇不仅看到仁慈的继母阿丽琵耶拉，而且也看到祖母（自己父亲的母亲）曼娜·柳乔雅。在弗洛伊德看来，这一事实恰恰在"圣安娜"中得到反映。但是，在画上，这两个妇女被画得很年轻。弗洛伊德对此解释说，达·芬奇仿佛希望把两个母亲（生育他的卡塔丽娜和养育他的阿丽琵耶拉）的形象刻画出来。弗洛伊德也从艺术家受家庭关系影响的童年感受的角度来解释"蒙娜丽莎"，提出蒙娜丽莎微笑的精神分析的谜底。这一神秘的微笑常常引起艺术理论家们的深思和争论。弗洛伊德解释说，蒙娜丽莎那微笑着的清秀温柔的面容反映了达·芬奇对自己生母的儿时的回忆。在蒙娜丽莎的微笑中铭刻着矜持和魅力，羞怯和性感，按照"俄狄浦斯"情结，这就构成了母子之间关系的秘密。这一秘密就是为什么她的微笑吸引着千百万人的迷人力量。它反映了画家本人一种不可磨灭的印象：蒙娜丽莎的微笑唤醒了他对母亲的印象的回忆，早期儿童的感受；达·芬奇从那时起所画的圣母像就有贫苦农村姑娘柔顺低垂的头和异常恬静幸福的微笑。

弗洛伊德这种一方面植根于艺术家的家庭关系和创作活动的倾向性之间密切联系的精神分析观，另一方面是植根于对艺术家童年的感受与回忆和艺术作品内容之间的密切联系的精神分析观，受到了现代西方文艺理论家的高度评价，进而蔚为大观，形成了精神分析文艺理论流派，影响深远。

第九章 弗洛伊德与现代西方心理学

第一节 弗洛伊德与学院派心理学

西方心理学源远流长，可上溯到古代希腊。心理学在研究方法上的变迁和发展经历了哲学思辨、经验描述和科学实验三个阶段。哲学只能给心理学提供体系，不能提供科学的材料和实验的技术。因此，没有科学实验方法的发展，心理学只能是作为哲学的一个组成部分，不能成为一门独立的科学。所以实验心理学的诞生，意味着科学心理学的建立。

实验心理学是由冯特（W. Wundt, 1832—1920）创立的。冯特不仅引入自然科学的研究方法来创建实验心理学，而且，在1879年设立了世界上第一个心理学实验室。虽然冯特之后，心理学内部分化出了许多不同的流派，但实验科学依然是心理学的主流，那些大大小小的学派都附属于这一主流。

由此可见，西方现代心理学从一开始就是学院式的，其基本概念和研究方法是在学院的学术机关中和实验室中建立和发展起来的，并力求依据实验的方法把心理学塑造成纯科学。他们的技术力量和队伍是大学里的教授或研究所的研究员，他们的理论总想形成一个理论体系，他们的工作总想形成一个学派，具有典型的学院色彩。

直到弗洛伊德，才独立于这一实验心理学的学院派主流之外。弗洛伊德的心理学以其非学院、非实验的姿态自成一体。正如美国心理学家查普林 (James. P. Chaplin) 和克拉威克 (T. S. Krawiec) 在他们所著的《心理学的体系和理论》(*Systems and Thenries of Psychology*) 一书中所说的那样：

> 心理分析同我们迄今讨论的各派比较绝不是什么"学派"或什么系统的心理学理论。所以如此，主要是心理分析运动是在学术界圈子以外发展起来的，而且进一步说，也因为这个集团从未试图采取一种系统的观点论述一切心理过程。例如，心理分析学家对于其他学派所关心的传统领域如感觉、注意、深度知觉、学习以及种种其他过程很少表示什么兴趣可言。他们忽视这些学术领域主要因为他们的目的是非常实际的，即为神经病患者提供治疗帮助。结果，心理分析作为一种理论主要讨论病因学、发展过程和对精神病的治疗。心理分析作为一种疗法是一种非实验的治疗技术用于治疗心因起源疾病的患者。①

因此，弗洛伊德的心理学与学院派心理学之间存在着根

---

① *Systems and Thenries of Psychology*, p. 62.

本性的差别，具体说来，主要表现在以下几个方面：

1. 来源不同。学院心理学来源于大学的心理实验室，他们的研究成果都是通过实验室的仪器而加以证实的，他们的学术都是在大学的课堂中来交流的，学院派的心理学家都是大学的教授或研究所的研究员。而弗洛伊德的精神分析则是来自精神病的治疗实践，其研究成果是在临床的治疗中得到检验的，其学术思想是在医生们的相互交流中讨论的。精神分析学家们一般都是行业医生。

2. 研究的问题不同。学院派研究的是正常人的心理，他们研究的主题是人们日常状态下的感觉、知觉、注意、记忆、思维等，他们关心的是外显行为，着眼于环境的变量。精神分析学说则研究反常变态的人的心理，他们研究的主题是心理能量、压抑、移情、自我防御等无意识的心理，他们关心的是内在人格，着眼于内心的冲突。

3. 研究的方法不同。学院派心理学以实验的方法为主，常常是在当时当地分取不同的变量加以精确的研究。精神分析则以临床观摩的方法为主，以完整的人为对象，以病人过去和现在的经验为研究的对象。

4. 研究出的成果不同。学院派研究出的成果是系统的纯粹理论学说，是力求定量化的概念的精确性和操作的定义，是心理学研究的新的方法。弗洛伊德的精神分析学则是病因的发源、病源的发掘为研究成果，是某一临床问题的解决，或某一方法在临床上的成功应用。总而言之，学院派的研究成果注重于新的理论的创立、新的学说的形成，弗洛伊德的研究成果则注重于实践的成功、新理论的应用。

由于上述的种种不同,弗洛伊德的心理学从一开始就遭到了学院派心理学家的猛烈抨击,不承认者有之,贬损者有之,不屑者有之;但是,随着弗洛伊德的成功,随着他的心理学日益深入民心,学院派心理学家慢慢地从正眼相看,到后来开始承认、接受,并与正统的学院派相互融合、交汇,汇入心理学的河流之中。在这一交互融汇的过程中,二者相互影响。具体说来,弗洛伊德的学说对学院派的影响有以下主要的几个方面:

1. 加深了学院派心理学的深度。学院派心理学从冯特开始,即是研究封闭的意识现象,仅仅局限心理现象的表层:

> 冯特认为心理学的研究题材是经验——直接经验,应以自我观察法,或者,更确切地说,应以内省法,一种对自己意识过程的客观分析的观察法,进行研究。心理学的主要目的或问题是把意识经验分析为它的组成元素。因此,冯特赞同心理化学和经验论联想主义传统。完成了这一系统的元素分析以后,这些元素彼此联合或结合的方式就可以判定。因此,冯特为自己设置了双重的任务:第一,意识的分析;第二,合成法则的发现。②

虽然冯特之后,学院心理学分成各种派别,但是冯特为他们标示了出发点和发展方向,这就是对表面的意识的研究。而弗洛伊德的心理学则探究人的心理深层,力图揭示表

---

② *Systems and Thenries of Psychology*, p. 44.

面的意识现象之后的无意识王国，揭示无意识现象的内在动力，所以弗洛伊德的心理学又称为"深蕴心理学"(Depth Psychology)或"动力心理学"(Dynamic Psychology)。

学院心理学家认为心理学应该研究"意识心理"，弗洛伊德认为意识不过是人的整个心理的一小部分，这就如同一座漂浮的冰山，意识只是水面以上的部分，而水面以下的大部分则是无意识，由此爆发的争论的结果是："这场争论没有取得最后的结论，因为心理学和心理分析学都改变了它们的研究对象。心理学变成了关于行为的科学，心理分析学则变成了研究人格的科学。目前，越来越多的迹象表明，这两门科学正在日趋靠拢，以构成一门统一的科学。"[③] 由此可见，学院派心理学不再排斥精神分析学，而吸收了它的深度心理和动力性的研究。

2. 扩大了学院心理学的研究范围。学院心理学一直试图借助于自然科学的实验研究方法把自己建设成纯科学，因而研究中仅仅着眼于揭示一般的心理活动规律，这使学院心理学视线窄狭，排斥了很多很重要的心理现象。弗洛伊德不仅研究了无意识问题，而且把日常生活中的心理现象也纳入心理学中进行研究，例如：过失、梦、玩笑、焦虑等，尤其是性心理的研究。可以说，学院心理学研究的是人的意识心理，而弗洛伊德研究的则是整个人，这就为学院派心理学提供了广阔的领域。随着现代心理学的发展，人们日益把人作为研究对象，而不仅仅研究其中的某一方面。

---

③ 霍尔：《弗洛伊德心理学入门》，商务印书馆，1985年，第45页。

3. 使学院心理学从理论走向实践。学院心理学把自己的理论局限在学术研究上，把心理学当作一种知识加以传授，他们轻视心理学在日常生活中的应用，只满足于将其形成系统的理论、精确的概念、合理的方法，因而形成了理论与实践脱节的局面，弗洛伊德的精神分析则更多地注重于实践，每一理论的提出都要求在临床中加以证实，这一点在开始时受到学院心理学的嘲讽，但是学院派认识到这是弗洛伊德的长处，就积极吸收他重视实践的方面，将心理学理论应用到日常生活之中，使之走出象牙塔，所谓社会心理学、教育心理学等专门心理学分支的兴起即可作为证明。

4. 扩展了学院心理学的研究方法。学院心理学的研究方法是实验心理学方法，他们利用分析的方法把心理现象解剖为单个的元素，这样做固然是有它的精确性和实证性的好处，但是忽视了人是一个有机整体，而不是各种元素的机械的组合。弗洛伊德从人的整体性上来研究人，将人当作活生生的有机的整体来看待，这一点后来学院派亦加以吸收，形成人本主义的心理学派。

弗洛伊德的学说与学院派从排斥到融合，相互影响，相辅相成，形成了一些心理学分支学派。

第二节 弗洛伊德与动力心理学

动力心理学（Dynamic Psychology）这一领域就是动机心理学，它趣味盎然，受人关注。凡是对意识和行为的描述感到失望，而追求一种较满意的有时称为"人性"心理学的那些心理学家，也把动力心理学当作一种运动。人性心理学也是一种动机心理学，因为行为的预见和控制，对于了解作为一个活生生的、能选择的、有适应能力的有机体的人来说，乃是最重要的实际问题。因此动力心理学并非一个学派，它既无领袖，又无创始人。

"动力"一词含有力、能、力量或行动的意思。在专业文献中，这一心理学概念有同样的含义，但它的外延要确定得多。在专业上，动力心理学是指动机与情绪心理学，这两种过程之所以归并在动力心理学的大题目下，是因为心理学家们认为，动机和情绪是引起、调整并维持行为的条件。

动机心理学的历史可以上溯到古代讨论人性问题的哲学神学著作，其中关于人的动机和情绪的思想都可以视为现代动力心理学的思想渊源。当然这之中比较成理论体系的还是要数古代医圣希波克拉底的"四体液说"，即他将人的个性分为"多血质""抑郁质""胆汁质""黏液质"等四种，系统地对人的行为潜在动能进行探索。

在早期的动力心理学中，最著名的要数快乐主义者的动机心理学，哲学家边沁（J. Bentham, 1748—1832）是第一个明确制定心理学快乐主义的人，他把快乐作为人的动机的基础，但是他把人的动机看得过于简单。紧接着的一个对动力心理学有重要意义的学派是动机论的本能学派。本能学派是生物学家们在对低等动物的研究中形成的，他们的本能概念后来又受到达尔文生物进化论的科学证明，因此一时蔚为大观。

但是真正使动机心理学得以成立的则是弗洛伊德。正如著名心理学家波林所说：

> 动力心理学的主要来源当然是弗洛伊德……弗洛伊德之所以多年来自外于心理学，是因为他孜孜于动机的探索，应用一套专门的术语，而对于忽视动机的正统心理学则置之不理。④

弗洛伊德对动力心理学的贡献主要有以下几个方面：

第一，弗洛伊德把动力的研究提升到主要课题的研究高度。我们知道，正统的学院派心理学家把人当作理性的生物来看待，他们不承认意识之后还有动机可寻，意识就是行为的动机，因此，实验心理学早期忽视动机的研究，使这一领域成为心理学的空白，而弗洛伊德积极追寻意识之后的动力因素，因而填补了这一空白。在弗洛伊德以后，动力心理学很快成为实验心理学的组成部分。

第二，弗洛伊德把无意识作为人的心理动机，并且认为被压抑的力比多本能是无意识的内容，这样使动机心理学真正具有动力的思想。"由于精神分析理论和本能理论二者的影响，对人的看法便从唯理论的概念转到动机的观点，后一观点把行为看作是由个体内部潜意识、非理智的力量造成的。"⑤ 弗洛伊德的这些思想后来影响了许多动机理论。

---

④ *A History of Experimental Psychology*, p. 693.
⑤ 希尔加德等著《心理学导论》，北京大学出版社，1987年，第463页。

第三,弗洛伊德把动机的冲突思想引进了心理学。弗洛伊德认为,力比多由于压抑而总是处在焦躁不安的要求释放出来的活动之中,压抑与释放二者之间进行激烈的冲突,并由此提出了一系列动力学的概念,如压抑、升华、移置、转换、固着、倒退等,这些概念被现代心理学所吸收,成为基本概念。此外他还提出了生的本能与死的本能的冲突,并认为这种冲突是无止境的,这些理论给现代心理学极大的影响。

第四,弗洛伊德关于"焦虑"的思想也极大地影响了动力心理学派。弗洛伊德主要区分了三种焦虑:客观焦虑、神经性焦虑和道德焦虑。弗洛伊德认为,后两种焦虑都有一种动机性功能,意思是说,两者都可能导致压抑。当自我觉察到危险时,自我会采取步骤减轻带来的焦虑,压抑着起初曾引起这种情绪的冲动。从这一观点来看,压抑便成为一种对付焦虑的机制。查普林和克拉威克认为,弗洛伊德的焦虑说对动力心理学影响极大:

> 他对这一情绪的看法和关于情绪的行为主义生理观是一致的。更具体地说,弗洛伊德认为,原发的焦虑是一种本能反射(诞生创伤),它通过条件作用过程逐渐与各种刺激相联系。这一说法严格遵守着美国心理学家华生(Watson)的新行为主义的观点,即遗传的情绪反应经过条件作用逐渐联系于多种多样起初是中性的或非创伤性的刺激。我们还可以指出,弗洛伊德关于情绪的机体动力学观点已经扩展为医学的崭新分支,"心身医

学",它承认情绪(心)与躯体(身)疾患之间有密切的关系。⑥

以上四个方面是弗洛伊德的学说对整个动力心理学的影响,下面我们再看看,弗洛伊德对个别动力心理学家的影响。

一、弗洛伊德与麦独孤的策动心理学

威廉·麦独孤(William McDougall, 1871—1944)是英国著名心理学家,曾执教于牛津大学和哈佛大学,是一个出身于实验室的学院派心理学家,他的目的心理学与行为主义有关。但是自 1930 年以后,由于受到弗洛伊德学说的影响,而改变了他的思想体系。1930 年,麦独孤将其心理学体系更名为"策动心理学"(Hormic Psychology)。麦独孤前期的理论认为,人类的一切动作——以至社会相互作用——都可视为基本的遗传本能动作及其在经验中的改变的结果。他又将本能与情绪联系起来,认为每一主要的本能必有一个相应的主要情绪:逃避本能的情绪为恐惧,拒绝本能的情绪为厌恶;等等。后期,在弗洛伊德学说的影响下,主张本能指向一个目标(goal-directed),即其所释放的能量引导有机体趋向一个目标。他认为,这一引导乃是通过认知的知觉(cognitive awareness)而发生作用。趋向目标的活动持续不已直至达到目标为止;此时活动因成功而告结束。趋向目标

---

⑥ *Systems and Thenries of Psychology*, p. 437.

的进程总是愉快的，进程受挫或被阻是不愉快的。能量可导入动作渠道，而且对目标性质的认知可使尚未成功的有机体走向正确的道路——或至少使尚未成功 (not-yet-successful) 的有机体选择正确的道路。当前的动作有赖于认知它的趋向。

正如波林所说，"麦独孤的想法在此处表现出旧的能量说（布吕克和布洛伊尔的概念，认为脑的能量有待于宣泄），以及弗洛伊德和精神分析的影响"[⑦]。由上所述，我们可以看到，其影响有两个方面，第一是认为能量是不断释放的观点，第二是能量的释放受快乐原则的支配，得到释放的能量是快乐的，被压抑的能量是不快的。

二、弗洛伊德与勒温的勒温心理学

库尔特·勒温 (Kurt. Lewin, 1890—1947) 是德裔美国著名心理学家，一生都在学院执教，是典型的学院派学者。勒温就其理论的总的方向而言是完形论 (Gestalt Psychology)，但是又与正统的完形论显著不同，因为他强调欲望、意志、个性和社会因素，因此他的心理学被称之为"勒温心理学"(Lewinpsychology)。勒温的学说受弗洛伊德的影响主要表现为，勒温认为，人是一个移动的有机体，他过着四方移动的生活，他希望达到或离开某些地方，希望获得或躲避某些东西。你可以用诱发力 (valences) 来表示他的欲望。美国著名心理学家霍尔特 (E. B. Holt, 1873—1946) 认为，勒温

[⑦] *A History of Experimental Psychology*, p. 718.

的这种欲望与弗洛伊德的学说如出一辙,并称之为"弗洛伊德的愿望",由此可见,弗洛伊德的影响多深。此外托尔曼(E. C. Tolman, 1886—1959)还将勒温和弗洛伊德相提并论,他说:

> 弗洛伊德为一临床医生,勒温为一实验家,正是他们二人常被人所怀念,因为他们的洞察力相反相成,初次使心理学成为可以同时适用于真实的个人和真实的社会的一门科学。[8]

三、弗洛伊德"性欲说"与阿德勒的"自卑感"

阿尔弗雷德·阿德勒(Alfred. Adler, 1870—1937)是弗洛伊德的学生和朋友,后来因思想观点的分歧而决裂。作为弗洛伊德的学生,阿德勒的思想受到弗洛伊德的根本性的影响,他主要接受了弗洛伊德的精神分析临床治疗和解释的方法、潜意识的概念、动力学探讨,以及先天潜能起决定作用的思想。从动力心理学的角度来讲,阿德勒也和弗洛伊德一样,认为,隐藏在意识之后的潜意识是精神病发作的根本动力。但是阿德勒认为,这种潜意识不是性压抑的结果,而是人的"自卑感",这种自卑感也不是像弗洛伊德所认为的那样,仅仅导致精神病,而是人生存发展的动力源泉,在"补偿机制"和"超补偿机制"的作用下,人因此而能创造出伟

---

[8] *A History of Experimental Psychology*, p. 724.

大的业绩。

阿德勒认为,人天生是个不健康的和柔弱无力的生理上有缺陷的生物,无论是视听器官还是神经系统都有障碍,导致神经症发病的冲突情境,多发生在同文化环境和社会环境发生冲突的人特别尖锐地体验到自身的"自卑感"的时候。而且正如阿德勒认为的那样,在上述感觉影响下,每个人的心理上都形成某些特殊的机制,以便建起"补偿的精神上层建筑",借助这种上层建筑进行着个体在克服自身"自卑"方面的生命活动的无意识扩展。这样,在这个主观感觉和克服它的相应机制的影响下,实现着人的心理的内部发展和使自己的从幼儿生活的头几年就知道的无意识过程的目标职能作用。

阿德勒举了许多历史上有名人物的例子来作为自己理论的佐证:天生口吃的德摩斯梯尼,由于补偿和超补偿的心理机制而成为古希腊伟大的演说家;贝多芬是个聋子,由于这一机制而成为著名作曲家;席勒的视力不好,但由于这一心理机制而成为戏剧家;等等。

阿德勒认为,"补偿"和"超补偿"按一定的方向发展,同时受无意识的"权力欲"的支配。所谓权力欲就是超越别人和主宰别人的欲望,它是每个人的内部固有的心理发展的基本动力。自己身体素质孱弱的个体极力想用获得无限的权力来补偿"自卑感",同时,无限的权力既是补偿手段,也是生活于现代文明的大多数人的目的。

由此可见,阿德勒只是改头换面的弗洛伊德。他将"性压抑"换成"自卑感","升华"换成"补偿"与"超补偿"，"力比多"换成"权力欲"。总而言之，在动力论方面，他将弗洛伊德的以性本能为基础的客观生物主义换成了以自卑感为基础的主观主义。

四、弗洛伊德与荣格的"分析心理学"

卡尔·荣格（Carl Gustav Jung, 1875—1961）是弗洛伊德在心理分析学发展早期的另一个合作者，但最终也与阿德勒一样由于理论分歧而离开弗洛伊德，并创立了自己的学派。荣格的心理学称为分析心理学，正如这一名称所表明的一样，它是一种在精神与实践两方面都要比阿德勒学派更接近于弗洛伊德的学说体系。

从动力心理学的角度来看，荣格对弗洛伊德既有吸收又有改造，这主要表现在以下几个方面：

1. 荣格接受了弗洛伊德的力比多概念，但是对它做了更宽泛的解释，如他认为，力比多是一种心理能，它决定在人心灵中进行的心理过程的强度。荣格没有确定这一心理能量同某一具体的心理力（如在弗洛伊德那里它是由性欲决定的）的关系，而是确定它同说明人的心理活动特征的内部心理情绪的关系。

2. 荣格接受了弗洛伊德的无意识的概念，但是，荣格认为，无意识的内容不是性的压抑，而是"原型"，原型是一个纯心理学的概念，荣格说："原型是一个象征说法，它或者在没有意识概念的地方，或者在按内部根据或外部根据都不可能有这些概念的地方发挥其作用。"事实上，荣格的原型是作为人的心理的更深层的积淀，它们不仅是个别的个体,也是整个人类几千年来积累起来的适应和争取生存的经验。确切地说,原型是类精神现象。

3. 弗洛伊德认为无意识是个人心理的基本因素,荣格与之不同,他把个体的和集体的无意识加以区分,提出了"集体无意识"这一中心概念。

4. 在解决意识和无意识关系,证明无意识对意识的巨大作用的过程中,荣格的主要概念是"情结"。"对荣格来说,情结(而不是如弗洛伊德所假设的梦)才是无意识领域的阳光大道。"[⑨] 情结是梦和病症的建筑师。但是弗洛伊德认为"情结"没有揭示出无意识内容间的内在联系。

由上可见,荣格尽管对个体的行为动机、心理的结构层次、无意识的符号活动等因素做了更精确的说明,但是他逃不出弗洛伊德的荣光所照耀的圈子,他不过是对弗洛伊德所提出的问题做了另外的解释,但大纲还是弗洛伊德的。

五、弗洛伊德与霍妮的"基本焦虑论"

卡伦·霍妮(Karen Horney, 1885—1952)是一位著名的女精神分析学家,是新精神分析学派或精神分析社会文化学派的先驱和代表人物。

从动力心理学的观点来看,霍妮对弗洛伊德的继承和发展主要表现为他的"基本焦虑论"。霍妮反对弗洛伊德的性压抑学说的生物学倾向,而极其强调神经症的文化定义,认

---

⑨ 弗雷·罗恩:《从弗洛伊德到荣格》,中国国际广播出版社,1989年,第23页。

为神经症是从一定社会普遍接受的行为模式的离异。她认为神经症背后的内驱力是一种"基本的焦虑",起初起因于童年期爱与感情的欠缺。在力求克服焦虑时,儿童形成了"神经症趋向",这基本上是补偿的行为模式,其目的在于促进安全保障。

同弗洛伊德一样,霍妮也强调了决定论、无意识动机、压抑和冲突,但是她在方法上和理论上具有较大的灵活性。她反对力比多理论,也反对弗洛伊德对性欲的总的强调,她设想,精神病一部分是文化冲突的产物,一部分由不健康的社会发展引起的。儿童不再被认为是任随生物本能所摆弄,相反地,正常发展被认为一方面依赖于安全而亲密的家庭关系,另一方面依赖于给予他或她的文化影响和社会影响。而且,正常与不正常的定义本身也是由文化因素决定的。她的这种观点代表了当代动力心理学的趋向。

第三节 弗洛伊德与发展心理学

发展心理学从其渊源讲具有较老的历史,但是它的发展则是近现代的事。在现代,发展心理学这一领域一般都称之为儿童心理学,反映着对人类儿童的兴趣有一个悠久而富有成果的历史,涉及儿童的能量和感觉运动的、情绪的和社会方面的发展。

儿童心理学的起源应该回溯到古希腊的柏拉图,他制定了第一个系统的理论,说明应该如何教育儿童,使他们能够成为理想国的未来公民。关于儿童心理能量与限制的思考一直延续到十九世纪的中叶,才使对儿童观察与实验的开始研究取代哲学的思辨。

在儿童心理学中的一个划时代的学说就是弗洛伊德的"儿童是成人之父"这一观点的提出,因这一观点,发展心理学才有今天的这一辉煌名称,才具有今天这一广阔的发展前景:

> 就某种程度而论,教会我们利用时间这一维的是达尔文主义,但是根据发展的概念进行思考则是我们全部生活方式的特征。"人"这个词不再简单地指今天可以在地球表面上看到的人类。今天,在我们的报纸上和电视屏上,我们看到人及其驯养动物的颅骨、陶瓷碎片和发粉的发掘,作为人类在某一遥远时期的生活方式的证明。我们依照儿童培养的方法,对当代不同的有文字以前的社会进行比较研究,并寻求个人差异的证据以判断这些差异究竟有无不同。心理分析学也许是"儿童是成人之父"这一见解的最丰富最系统化的源泉。着重发展或"纵向"顺序的整个现代方针的确定已开始被许多人视为研究成人个性最健全的方法。在古生物学之上,于是添加了史前学;在史前学之上,添加了有关成人个人传记画面的概念,而加在它们之上的还有种种涉及短时跨度的生物学。这些短时影响将不得不同长而又长的时间跨度的影响进行比较,直到最后勒温(Lewin)式的短、长之间跨度的区分不得不省略。我们正在走向一种关于

心理存在的深邃发展观。⑩

弗洛伊德关于发展心理学的观点主要表现在以下几个方面：

首先，弗洛伊德认为，"儿童是成人之父"的观点的提出，使人们认识到，人的人格及其性格特征是在童年时期就形成了的，从而使那些研究人的心理的心理学家们开始注意儿童的心理发展，开辟出儿童心理学这一被人们忽视已久的具有广阔前景的领域。"这一理论施加于二十世纪儿童观的强大影响集中表现在这一理论对研究工作的促进作用，强调童年是成人顺应模式发展与定型阶段。"⑪

其次，弗洛伊德按照心理分析学的观点将儿童的心理发展进行分期分段的专门研究，并从发展学的角度来揭示儿童心理为什么是成人心理之父的原因。

弗洛伊德将早期婴儿划分为三个阶段：口腔期，这时嘴的刺激引起快感；肛门期，这时力比多快感的获得与下肠的活动有联系；早期生殖器期，此时性器官的摆弄是快感的主要来源。

稍后我们将会看到，弗洛伊德的这些观点对埃里克森等人有极大的影响。

第三，弗洛伊德揭示了儿童的性欲问题，这被认为是二十世纪儿童心理学的最伟大发现，极大地推进了性心理学

---

⑩ *Historical Introduction to Mndern Psychology*, p. 401.
⑪ *Systems and Thenries of Psychology*, p. 196.

的研究。它打破了几千年来认为只有青春期的成年人才有性欲的教条,使儿童心理学获得了具有与成人心理学同等重要的地位,为儿童心理学奠定了牢固的基础。查普林和克拉威克对此评论说:

> 弗洛伊德关于儿童心理性欲发展的观点是二十世纪最引起争论同时又最有影响的。这一理论引起的争论导源于弗洛伊德的假设。认为婴儿和幼儿呈现成人性形态——甚至认为儿童全部生活过程的基本动机就在于他或她的人格在心理性欲发展中的展开……这些观点,在本世纪二十年代到四十年代弗洛伊德影响高峰期,对于改革教育、儿科学和精神病学的实施有特别重要的意义。[12]

一、弗洛伊德与埃里克森的发展理论

埃里克·埃里克森(Erik Homburger Erikson, 1902—1979)是美国儿童精神分析医生,是弗洛伊德的女儿安娜·弗洛伊德的学生。埃里克森的发展理论受弗洛伊德的影响主要是他关于心理性欲发展阶段的著名理论。埃里克森把心理性欲发展分为八个阶段:

第一阶段为口唇感觉阶段。此时儿童处于最无助的阶段,完全依赖于他人的养育和保护。因其发展的正常和异常而获得一种基本的信赖定向或不依赖定向,类似于弗洛伊德

---

[12] *Systems and Thenries of Psychology*, p. 195.

的口腔期。

第二阶段为肛门阶段。儿童通过掌握对排泄器官的肌肉控制并由此得到一种自律或选择自由的意识。儿童发展为一种强制性成人，其个性特征是强烈趋向占有与控制的驱力，这一点类似于弗洛伊德的肛门性格观点。

第三阶段为运动生殖器期，它相当于弗洛伊德的生殖器期。此时，儿童必须学会对付生殖器的冲动。像弗洛伊德一样，埃里克森也认为儿童具有强烈的俄狄浦斯情结，他必须按照现实原则来改变这一情结，也就是说，必须在三至五年内使这些冲动转化为可以接受的形态。埃里克森说：

> 在男孩中，着重点仍然在生殖器侵入方式；在女孩中，它转为"捕捉"，在进攻性形式中表现为攫取与"淫荡"占有，在较温和形式中则使自己显得富有吸引力并惹人喜爱。
> 这一阶段的危险在于意识到想望的目的有罪，在新的运动力量与心灵力量的极度享受中所发起的动作有罪：那是侵犯手法与强制的动作，远远超出机体与心灵的执行能力，因而要求强有力的终止所想望的发端。[13]

第四阶段为潜伏期，与弗洛伊德的潜伏期类似，但强调孩子离开家庭进入社会的重要，社会首先以学校为代表。成功意味着孩子获得勤劳与胜任的特征，失败带来失败感与自

---

[13] *Systems and Thenries of Psychology,* p. 199.

卑感的负担。

第五阶段为青春期，相当于弗洛伊德的性器欲期。在这一阶段，儿童成为青少年。青少年把先前各阶段已形成的认同作用的同一性核心加以综合，产生了自我同一感。埃里克森指出，这种自我同一感不是儿童期各方面的总和，而是已经整合了的个体的完型（individual gestalt）。与同一性相反的是同一性的散乱（diffusion）或混乱（confussion）。同一感与同一混乱感是此一阶段的主要矛盾。

弗洛伊德认为，青春期是一个身心骚动的阶段，强大的性冲动和攻击驱力仿佛要冲毁他的自我防线。埃里克森也认为，青春期的力比多的增强具有较大的破坏性。但他还同时认为社会的因素所造成的冲突也是其根本原因之一，因此，他认为青年要克服七个方面的危机才能顺利地进入成年期。

第六阶段为青年成年期。本阶段的基本发展主题包括心理上的准备性，以及承担婚姻生活中彼此亲密的任务。青年男女已具备能力并自愿去分担相互信任、工作调节、生儿育女和文化娱乐等方面的生活，以期最充分而满意地进入社会。

埃里克森同意弗洛伊德的看法，认为青年以其爱情和工作的能力显示出他的人格化模式。青年男女要正常度过成人早期，在爱情方面，需要发现一种共享的同一感，以体现人格化模式。至于工作方面，都要体验到与社会亲密无间，集中精力于工作或生活中的乐趣，而且想干得出色，这样才是真正的工作，否则就会产生孤独感。

第七个阶段为成年期。本阶段的男女已成家立业，其兴趣已转到下一代，关怀下一代的成长已成为他们注重的中心。用埃里克森的话说就是繁殖而停滞的阶段，所谓繁殖，不仅是指对新生代的照料，而且也包括一系列的工作以创造事物和思想与其社会符合一致。但是由于更多的是关照下一代，其结果是使人格停滞、感情贫乏。

第八个阶段是成熟期。此一阶段由于身体的衰老、工作的失去、配偶亲朋的丧失，所以要求老人必须做出身体和社会的适应，以保住潜能，用以维系生长和智慧的斗争。此一时期，老人返首回顾自己走过的道路，功成名就者，感到有一种完善感，失败无为者，感到失望和厌恶。

以上就是埃里克森的基本理论。关于他与弗洛伊德的关系，查普林和克拉威克总结说：

> 通过简短概述埃里克森的发展阶段理论，我们曾指出他的着重点在于孩子与世界间的相互作用。这与弗洛伊德认为着重点在于内部冲突的看法显然不同。埃里克森超越弗洛伊德还在于他强调学期生活的发展，在于他集中注意于自我发展中的同一性和完整性问题。虽然埃里克森从基本的本能出发，但他超越这些本能，强调发展期内胜任的成就和存在危机的解决，并在这方面远远离开了弗洛伊德。在这一道路上，埃里克森追随阿德勒、霍妮、弗洛姆、怀特等，他们已经超越了弗洛伊德的本能论，提出心理社会的个性理论。[14]

---

[14] *Systems and Thenries of Psychology*, p. 200.

二、弗洛伊德与沙利文的发展理论

哈里·沙利文（Harry Stack Sullivan，1892—1949），是美国著名的精神分析学家，是精神分析社会文化学派的主要代表人物。沙利文的人格发展阶段学说受弗洛伊德影响甚深。

沙利文认为，人生来具有一种自我调节和整合的功能，能使人的潜能向完善的方向发展，使人格发展具有连续性，但也可以根据大约与某种能力成熟的相当年龄而分为六个阶段，个人必须达到某种能力的成熟，才能意识到外界环境中的种种人际关系，从而加以对付和适应。他的各发展阶段兼具情绪（性欲）和智慧的各方面的内容，与埃里克森的心理社会性质的任务有所不同。

沙利文划分和概括了六个成人之前的发展阶段：

1. 婴儿期，从出生到语言能力的成熟。新生婴儿来到这个世界上，处于无能状态，采取的是原始的经验方式，其认知经验处于人与环境的混沌不分和未分化模式。婴儿的活动主要是吃奶、吮食等，因此，沙利文利用弗洛伊德的术语称之为"口腔区的相互作用"。到婴儿的末期，开始注意到母亲对他的态度的好坏，并因之而被他视为好母亲和坏母亲的象征。与此同时，出现了被别人视为原始自我的好我和坏我，类似于弗洛伊德所指的意识的雏形。

2. 儿童期，从语言到对玩伴需要的成熟，约6岁止。由于语言的发展，这时儿童已能学习文化，自我系统仍按赞许或不赞许的模式积极生成。在这时，升华成了非常重要的动能，儿童在与别人的交往中开始知道"做这个"和"不做那个"，等等，从而习得升华的机制。反之，他就运用分裂和情动性反应错乱两种防御机制。分裂相当于弗洛伊德的压抑，情动性反应错乱是人际关系中的一种错乱，带有我向的个人意义，在无意识中发生作用，在精神病中体现出移情和反移情的方面。到了二三岁，儿童有了初步的交互确证的语言，开始寻求玩伴。

3. 少年期，从玩伴到对同性亲近的需要的成熟。发展的这个阶段被宽泛地定义为"从进入学校到实际上结交了密友这段时间，如果少年期什么时候结束的话，结交密友是结束少年期的最终标志"。这时少年已经社会化了，懂得竞争与合作。其自我能动的方向是保持名誉。主动避开不感兴趣的事物，学会区分幻想与现实。但他们过早地以成人的文化定型（如"清教徒""硬汉"等）自居，对于许多人来说，这个时期是一个人人格发展的危险期。

4. 前青年期，从同性亲近到生殖欲动能的成熟。本期产生了一种寻求同性密友的需要，沙利文认为，这对于人格的向前发展极为重要。本期个人的主要任务是从自我中心主义转向爱情，能够体会到别人的满足和安全与自己的同等重要。

5. 青年期初期，从生殖欲到情欲行为的模式化。进入青春期，开始感到情欲的驱力，爱情欲的驱使，他们开始改变爱的风格，从同性爱转向异性爱，但却未能与他所爱的人形成恋爱关系。他们可以坠入情网，并结婚，但是仍存在着顺应婚姻的性方向的关系的问题。

6. 青春期后期和成熟，沙利文认为，"当一个人发现自己喜欢什么样的生殖行为和怎样使之适合于其他的生活时，他便开始了青春期后期"。此一时期的人正好走上工作岗位，并顺应之，有了家庭意识、父母身份和公民责任。成熟的人格基本上反映了亲近的需要和与他人的合作。

第十章 弗洛伊德与现代西方社会思潮和文艺思潮

第一节 弗洛伊德与存在主义

存在主义是二十世纪一股影响巨大的哲学潮流,二次世界大战以后风行一时。存在主义重视人,重视人的个性,注重人的情绪,强调人生在世的生活经验。存在主义的创始人一般地公认是祁克果(Sören Kierkegaard, 1813—1855)和尼采(Friedrich Wilhelm Nietsche, 1844—1900),但是真正使存在主义蓬勃发展并最终形成一股潮流的是海德格尔(Martin Heidegger, 1889—1976)、萨特(JeanPaul Sartre, 1905—1980)和雅斯培尔斯(Karl Jaspers, 1883—1969)。在这些人中,祁克果和尼采都生活在弗洛伊德之前,无论从个人生活还是从学术思想上,都谈不上什么直接影响,海德格尔1927年发表《存在与时间》,从此名声大振,在此之前,他一直受胡塞尔的影响,我们找不到他与弗洛伊德交往的记录。萨特和雅斯培尔斯则在他们的学说中直接与弗洛伊德对话,因此,他们受弗洛伊德的影响颇深。但是从总的思想倾向来看，存在主义和精神分析学具有共同的思想因素。总的说来有以下几个方面：

1. 都把非理性当作自己的理论基石。弗洛伊德强调无意识思想，认为意识的本质是无意识，意识是无意识的外在表现形式之一。存在主义则强调非理性主义的情感因素，所谓理性的认识，感性、知觉等是受非理性的情感支配的。在弗洛伊德之前，人们反对非理性主义思想，认为非理性主义思想是无根据的东西，自从弗洛伊德发现无意识以后，非理性主义才算是有了自己的根源，有了自己的坚实大地。而存在主义所阐述的非理性主义的思想则又为无意识提供了外在的证据，丰富了无意识的内涵，使无意识概念成为一个内涵丰富的概念，而不是无中生有的臆造，空中楼阁式的幻想。

2. 都把人当作一个具体的人而不是抽象的人、整体的人而不是零散的人来看待。弗洛伊德以前的心理学只是揭示人的外在心理，他们在实验室中把具体的人的心理抽象成概念、定律，得出人所共有的普遍的、共同的心理过程，因此，他们的人是抽象的人，是概念式的人。弗洛伊德则是研究具体的个人，他认为，人的心理是受个体的经验决定的，尽管他也得出普遍的理论，但是，这些理论只有在具体的个人身上才显示出其丰富性来。同样存在主义以前的哲学都把人当作理性的动物，来研究人的认识论，强调人所共有的认识过程、认识特点。在他们那里，人成了抽象的理性的理论。存在主义者则不同，他们把人当作具体的人来看待，研究个人的生活体验、情感世界、生活领域。因而人是具体的人。弗洛伊德以前的医学是头痛医头、脚痛医脚，他们把人分成五官科、皮科、外科、内科等零散的东西，在他们眼里只有症状，没有人，而弗洛伊德则认为，症状是人的症状，每一症状因不同的人而异，研究症状就得研究人，就得研究人的生活经历，因此，人是活生生的人，是整体的人。存在主义在这一点上与弗洛伊德具有共同的特点，只不过存在主义是从常态进行研究，而弗洛伊德是从病态进行研究。后来萨特吸收了弗洛伊德的思想，把精神分析引进了常态的研究之中。

3. 都强调人的情感，尤其是对焦虑、恶心等情感。弗洛伊德从焦虑、恶心等情感来揭示精神病发作的机制，存在主义则从这些情感来揭示人的存在。

4. 都对人类发展的前景怀着"绝望的希望"。弗洛伊德从本能学说出发，给人类一个悲观的前景，并对生的本能与死的本能的冲突无能为力。存在主义则对人类的理性和文明的进步深表失望，认为人永远难以摆脱异化的困扰和死亡的威胁。

在存在主义者中，萨特受弗洛伊德的影响最深。萨特对弗洛伊德的精神分析学说之所以如此倾心，是因为他认为，在追踪人的活动根源这一存在主义基本问题上，弗洛伊德与他的思想是一致的，他吸收了精神分析学说的许多内容，对它们加以改造，提出了"存在的精神分析"这样一个方法论的问题，把它纳入他的存在主义的马克思主义思想之中。在《存在与虚无》一书中，萨特说：

没有人尝试过系统地获取一个活动包含的意义。只有一种学派是和我们出自同一原始自明性的：这就是弗洛伊德学派。弗洛伊德和我们一样，认为一个活动不能仅限于它本身：它直接归结到更深的结构。而精神分析是能够阐明这些结构的方法。弗洛伊德像我们一样自问：在什么条件下这样的人才能完成这样一种特殊的行动呢？他和我们一样拒绝以在前的时刻来说明行动，就是说拒绝设想一种横向心理决定论。在他看来活动是*象征性*的，也就是说，他觉得这个活动表示了一种更深的欲望，这种欲望本身只能从主体力比多(Libido)的一种最初规定出发来说。只不过弗洛伊德力求以此来建立一种纵向决定论。而且他的概念必将这样迂回地返回主体的过去。情感对于它来说是在心理——生理意向性的形式下的活动基础。但是这种情感在我们每个人身上一开始都是一种白板：是外界环境，换句话说，是*主体的历史*来决定是否有这样或那样的*倾向*作用于这样那样的对象上。①

萨特在这里讨论的是决定论的问题。关于什么决定着人的活动；也就是说，人的活动的意义应该从哪一个角度来阐释，有两种观点：一种是横向决定论，认为活动是由外在的行为引起的；一种是纵向决定论，即活动是由内在的心理深

---

① 萨特：《存在与虚无》，生活·读书·新知三联书店，1987年，第587–588页。

层所引发的。萨特同意后者而否认前者。萨特认为弗洛伊德同他的观点是一致的，而且，弗洛伊德成功地利用他的精神分析方法阐明了纵向决定论的问题。从弗洛伊德的精神分析法，萨特得到了很大的启示。他说：

> 于是，我们应该满足于从精神分析的方法中得到启示，就是说，我们应该企图通过一个原则来揭示一个活动的诸多意义。这个原则就是：一个行动，无论它怎样无意义，它都不是在前的心理状态的简单结果，不属于线性决定论的范畴，而是相反，它作为次级结构融合在总结构中，并最终融合在我所是的整体之中。[②]

但是萨特并不满足于弗洛伊德的精神分析法，他认为，这种精神分析法是一种经验的精神分析法。因为它是在经验的心理学研究中，所确定的人的内在主观性的结构是人在满足欲望中的各种意向的集合，并试图把各种欲望还原为普遍和抽象的原始本能，如性欲，却无法说明为什么这普遍和抽象的东西产生的是人们不同的具体行为，结果只好借助于外在的条件和在前的状态去加以说明，这使弗洛伊德又回到了横向决定论。因而，人的现在的行为只能找到人的过去的经验。因此，萨特说，"即使我们接受精神分析学的方法，……

---

② 萨特：《存在与虚无》，生活·读书·新知三联书店，1987年版，第589页。

我们也应该在相反的意义上去运用这种方法"[3]。于是，他提出了他的"存在的精神分析法"。他认为，人的活动就是选择和谋划，这种选择和谋划是原始的选择和原始的谋划，它不是普遍性和抽象性的实在，而是虚无，是种种的偶然性和可能性。通过存在的精神分析法，可以从人的经历和体验中去认识人的行为和思想的因果关系，但是却不能够去认识它们。

在《辩证理性批判》一书中，萨特的精神分析法又有了发展，他将精神分析看作是马克思主义与存在主义结合的一种中介。他一方面认为，马克思主义的社会经济地位决定人的思想意识的观点有合理之处，但另一方面他认为这是独断论的结论，因为人的思想行为无不应该追溯到他的童年经历，只有借助精神分析才能够解释为什么在相同的社会历史地位上，不同的人会有不同的思想和行为。所以，这就比《存在与虚无》又进了一步，不再否认弗洛伊德将人的心理结构诉诸如人的经验，而是强调人在童年时的经历的重要性。

第二节　弗洛伊德与结构主义

结构主义是二十世纪六七十年代盛行于法国的一种哲学

---

[3] 萨特：《存在与虚无》，生活·读书·新知三联书店，1987年版，第589页。

思潮，其主要的代表人物有列维-斯特劳斯（C. Lévi-Strauss, 1908—2009）、福柯（M. Foucault, 1926—1984）、拉康（J. Lacan, 1901—1981）、罗兰·巴特（R. Barthes, 1915—1980）等人。结构主义是对存在主义的一种反动。他们在一些基本的哲学观念上与存在主义持相反的态度，如针对存在主义的"主体""自我意识""个人""存在""本质""历史性""人道主义"等针锋相对地提出了"主体移心化""客观结构""无意识结构""模式""记号系统""意指作用""共时性关系""反人本主义"等。结构主义采用自然科学中已经普遍采用的结构的观点和方法，力求把人文科学和社会科学改造成与自然科学相统一的精密科学。

弗洛伊德的思想对结构主义哲学影响颇深。在列维-斯特劳斯、拉康、福柯这些结构主义者的观念中，可以清楚地看出语言学问题和精神分析问题趋于结合的倾向。结构主义者批判了弗洛伊德在解释个性的深层结构时的生物主义和机械论，但他们却认为，正由于弗洛伊德的精神分析对人的活动的无意识机制和语言的符号职能的强调，不仅为客观地认识人的心理的个体发育的发展和系统发育的发展开辟了新的前景，而且也为客观地认识语言结构、社会关系、个体在社会中生呼活动的社会调节机制开辟了新的前景。结构主义是使用精神分析研究方法，来揭示思维和语言的结构化过程，以及文化和现代文明的民族学、历史和经济等方面的因素结构化过程的。例如，列维-斯特劳斯就试图根据古典的精神分析思想去揭示支配原始社会的社会意识结构的无意识机制；福柯在研究理性构成之外的人的表象的基本结构时，力求说明科学思维的内部规律性,以便建立"人文科学的考古学";拉康在研究个性时,把注意力放在无意识在人的生活中的作用方面,并且概括地用"象征性的""想象的"和"现实的"这几个范畴表示的内在心理结构提出了自己的观点。六七十年代,法国青年一代的结构主义者步列维-斯特劳斯的后尘,开始把弗洛伊德的精神分析思想积极地应用于文艺学,并把它们同艺术作品文句的语言学分析,同对作品内容的神话式的解释结合起来。由此可见,精神分析的观点已广泛地运用于结构主义者的理论著作中。下面我们主要看一看列维-斯特劳斯和拉康两人所受的弗洛伊德的影响。

列维-斯特劳斯是法国著名的社会学家和文化人类学家,结构主义的创始人。列维-斯特劳斯对精神分析学这一方法非常推崇。布洛克曼曾对此写到:"现在,语言学、文化人类学和精神分析学构成了一个方法论三角体,它将取代古传至今的人文科学原理的作用。在哲学和认识论上,使我们感兴趣的是,这个三角体,借助一个被构成的和能构成的整体模式,影响了一切有意义的人类活动。"④

列维-斯特劳斯对弗洛伊德的无意识思想也很推崇,并将这一思想吸收到他的人类学研究之中,努力去挖掘原始社会的社会意识现象的无意识基础。他认为,人类是自然界发展的产物,其精神中必然先天内含着体现自然有序性的无意识结构,它作为原型内在制约着由人所创造出来的语言及语

---

④ 布洛克曼:《结构主义:莫斯科——布拉格——巴黎》,李幼蒸译,商务印书馆,1980年,第116页。

言反映的人类社会生活和文化现象。因此，他要用语言学、文化人类学和精神分析学构成的一个方法论的三角体，通过人类的社会生活和文化现象及反映它们的语言去寻找深层的无意识结构，从而得到普遍有效的解释原理。列维-斯特劳斯就曾详细分析过原始人的神话故事和亲属关系，试图发现他们的内在结构，从而把握住人类心灵的结构和社会关系的结构。

拉康也是当代法国最著名的结构主义者之一。拉康的目标是把精神分析纳入现代人文科学的范围里，使精神分析学成为独立的、自成一体的科学理论，即要从传统的精神分析学中创造出一种现代化的理论。拉康的精神分析学中最著名和最基本的结论是："无意识的话语具有一种语言的结构"和"无意识是他者的话语"。

首先，拉康认为无意识的研究应当在现代语言学的水平上进行。由此，他把人的世界划分为三个不同的层次：一是，在无意识之前的东西（因而不可能知道）；二是，在无意识的语言与意识的语言之间的划分；三是，在意识的语言内的能指和所指的划分。拉康说这三个不同的层次不可沟通。拉康把无意识看作是一种类似于语言的结构，他认为，在症状、梦、动作倒错与笑话中有同态结构。在它们之间有同样的压缩与移位的结构法则在起作用，"它们是无意识的法则。这些法则与语言中形成意义的法则是一样的"。所谓语言的规则就是指语言所特有的修辞手法：隐喻和换喻。他把语言规则同梦的规则即压缩与移位相对比，认为，在换喻中，如同在移位中一样，整体被自己的部分所代替；在隐喻中，如同在压缩中一样，一种意义被另一种意义所代替。他认为，借助这些规则，可以比较近似地描述所有的无意识：症状就是隐喻，欲望就是换喻。拉康所说的"无意识具有语言的结构"就是指无意识可比拟于语言的话语或文本，其组成规则与语言规则类似。

拉康的另一个重要命题是："无意识是他者的话语。"所谓"他者"，布洛克曼解释说："必须记住，对拉康来说，（他者）不仅指其他的人，而且也指（仿佛由主体角度看到的）语言秩序，语言秩序既创造了普通个人的文化，又创造了主体的下意识。"[5] 拉康认为在作为我们存在之核心的无意识中，"独立主体"是不存在的，人向他者屈服并被他者屈服，人的每一行为，包括最有利于他的，最终都来自要求被他者承认和自我承认的愿望，所以说，人的无意识是他者的话语。

拉康的无意识理论虽然在内容上与弗洛伊德有相似之处，但在形式上属不同的层次。拉康不重视弗洛伊德前期思想中生物学的性质，而受列维-斯特劳斯的影响关心心理、文化、语言三维的关系。拉康把无意识看作是另一套文字系统，它挤进意识的话语，"在其中的空隙间穿行"。拉康的弟子莱克顿尔对此有一段生动的描述：

无意识不是为了使彩色构图更鲜丽的画架底布；它是在

---

[5] 布洛克曼：《结构主义：莫斯科——布拉格——巴黎》，李幼蒸译，商务印书馆，1980年，第106页。

先的素描，它在画布用于另一幅画之前已被覆盖住。如果用音乐比喻，无意识不是赋格曲的对位或旋律的和声：它是人们听见的爵士乐，尽管它传自海顿四重奏背后，当无线电未调准或选择不佳时，就会如此。无意识不是信息，甚至不是人在一旧黄卷书上用心读解的奇怪的或编码的信息：它是写在文章下面的另一文本。人们必须通过从后面照明它或借助显色剂来阅读。⑥

第三节　弗洛伊德与西方马克思主义

西方马克思主义产生于二十世纪二十年代，它是西方一些马克思主义者所具有的共同理论倾向和学术风格所形成的一种社会思潮，其创始人是匈牙利的卢卡奇（G. Lukäcs, 1885—1971），德国的柯尔施（Kari Korsch, 1886—1961），意大利的葛兰西（Antonin Gramsei, 1891—1937）。这些人因不同意恩格斯和列宁的观点而被共产国际视为异端，但他们都自己认为是坚持马克思的正宗理论卫士。二次世界大战以后，西方一些年轻的马克思主义者把马克思的理论同形形色色的新兴理论结合起来，形成了存在主义的马克思主义、弗洛伊德的马克思主义等，逐渐汇合成为西方马克思主义的大潮，深刻地影响了西方世界的意识形态。就弗洛伊德的马

---

⑥ 参见杜任之主编《现代西方著名哲学家述评续集》，生活、读书、新知，三联书店，1983年9月，第412页。

克思主义这一西方马克思主义而言，其主要人物有三位，即赖希、弗洛姆和马尔库塞。

一、赖希的"弗洛伊德马克思主义"

威尔海姆·赖希（Wilhelm Reich, 1897—1957）是奥地利著名的精神分析学家，弗洛伊德的学生。赖希力图在他的理论中把弗洛伊德的精神分析的观点同马克思的经济学结合起来，并称之为"经济学"理论。但是他所说的经济学并不是马克思所说的社会生产理论，而是弗洛伊德的性的理论的翻版，他用这一术语来测定人的机体内产生的性能量，是性能量经济学。赖希认为，马克思的经济决定论有两个缺陷：其一是没有说明经济发展过程在实际上是怎样被转变为意识的；其二是没有对意识是怎样反作用于各种经济发展过程中做出解释。弗洛伊德则正好解决了这个问题，那就是理解社会的经济过程和社会过程的决定性因素是个性结构、人的性格，即在家庭生活中发生冲突情境的基础上来揭示它们。因此可以把弗洛伊德与马克思结合起来形成弗洛伊德的马克思主义。

但是赖希所说的个性结构和人的性格并不是弗洛伊德所说的个性结构和人格，而是他受弗洛伊德影响下形成的自己的理论观点。赖希认为，个性结构是由三个独立的发挥机能的组织平面或层面组成。其一是表层，即虚伪的伪装社会层，或社会合作层。在这一层面中，人的真面目隐藏在资产阶级的温情脉脉的面纱之下，在现行的道德规范和社会法规面前，个体用虚假的社会性和虚假的自我监督掩护自己。其二是中间层——反社会层，或弗洛伊德所说的无意识的东西。它是各种继发性的冲动的总和，其中包括粗鲁的、粗暴的、性欲的冲动和变态的无意识的欲望。其三是深层，或由天赋的社会冲动组成的生物内核。当人暴露出这种"天赋的社会冲动"时，他是以健康的人而出现的。赖希认为，个性结构最重要和最本质的部分是"深层"，它是人的天赋的、健康的基础。在此"深层"中，人的一切欲望和冲动的表现即使具有缺乏理性的、自发的、无意识的性质，仍具有真正的人的性质。"天赋的社会冲动"只有在个性结构的第二个层面上才具有变态的、非理性的色彩。在这一层面上，"天赋的社会冲动"被曲解和歪曲得面目全非。这些被歪曲的非理性冲动上升到个性的表层时，就会巧妙地伪装起来，从而创造出人的特殊性格，在此基础上产生所谓的"神经质"，它是防止来自外界社会的过大压力的特殊保护伞，是个体天赋的社会冲动自由表现的人工屏障。在这里，我们可以看到，弗洛伊德的人格学说被赖希做了一个颠倒，自我和本我在这里换了一个位置。弗洛伊德认为无意识的冲动、侵略的欲望等处在深层，而赖希则认为深层是天赋的社会性，只有在中间层才变成变态的非理性的东西。

由此而直接影响到赖希对"神经症"病理的看法。赖希认为，神经症是人生在具体的社会和历史的生活条件下的病态现象，而不是弗洛伊德所说的性的压抑；而且赖希还认为，神经病不是个别病态的表现，而是人的共同的病态现象。在这里我们可以看到赖希受马克思的"异化理论"的影响。

赖希看到了弗洛伊德生物主义的局限性，利用社会因素来补充它，这是他的贡献。

二、弗洛伊德与弗洛姆

艾瑞克·弗洛姆（Erich Fromm, 1900—1980）是德裔美籍著名精神分析学家、社会学家和哲学家。弗洛姆对弗洛伊德非常推崇，认为他关于"力比多"的理论是"关于人的科学的卓越贡献"，并肯定精神分析认为社会文明是现今社会病源的观点是弗洛伊德的巨大历史功绩。另一方面，他对马克思的经济决定论也非常倾心，尤其是马克思关于异化的理论更使他入迷，由此他将弗洛伊德和马克思的理论结合起来，相互纠偏、补充，形成他的人道主义马克思主义理论。

弗洛姆认为，马克思的功绩在于他强调了社会的经济因素和政治因素对人的决定作用，但是他忽视了非理性的一面，而只强调理性的一面；弗洛伊德则相反，只强调非理性的本能的冲动，却忽视了经济的和社会的因素，因此必须把他们二人的理论结合起来，这样才不至于失之偏颇。这样就要创造性地提出弗洛伊德——马克思主义的新理论，这就是他的人道主义理论。

弗洛姆说，马克思认为，现代的工业文明日益使人异化，使人成为没有思想没有感情的机器，因此首先必须发动革命把人从资本主义制度的奴役下解放出来，使人成为真正的人，而真正的人是具有政治权利的人。但弗洛姆认为，资本主义对人的压抑不是政治上的压抑，从根本上来说是对人性的压抑，因此现代革命的根本任务就是要把人们的本能冲动，把人的本性从愈趋严重的文明压制下解放出来。

弗洛姆的社会革命也是以弗洛伊德的精神分析学为基础的。他认为，社会的经济政治改造同人的心理改造是相辅相成的。更确切地说，心理改造是政治改造的前提，革命不是简单的生产数据所有制的变动和政权的更迭，而是"本能结构的革命"。即通过精神分析使心理完成某种"蜕变"，以及进行"爱"的教育，使人的内心获得解放，成为"新型的道德完善的人"，这样的人组成的社会才是真正的社会主义社会。这种社会的基础是"爱"，爱是人的本性，因此也是人与人之间彼此联合的基础。

三、弗洛伊德与马尔库塞的社会批判理论

赫伯特·马尔库塞（Herbert Marcuse, 1898—1979）是法兰克福学派的主要代表人物。马尔库塞早年受存在主义影响，力图把存在主义和马克思主义结合起来。后受弗洛姆的影响，开始推崇弗洛伊德主义，并力图将弗洛伊德与马克思结合起来。他的思想观点总的说来没有超出弗洛姆，但是他的贡献在于利用弗洛伊德和马克思的学说对现代西方资本主义社会进行猛烈的抨击。

同弗洛姆一样，马尔库塞认为，马克思重视政治经济等社会方面的因素，用它来分析资本主义人的异化的本质，这是正确的；但是，却忽视了人的心理的方面。而弗洛伊德关于人的本质是本能的冲动，即爱欲的冲动，这是正确的，因为幸福的实质就是自由，而自由的获得就在于解放被压抑的欲望，弗洛伊德关于人的本质的观点正好可以用来补充马克

思的缺陷。但是马尔库塞并不是把马克思与弗洛伊德机械地结合在一起，而是创造性地提出了他的"发达工业社会"的理论。

马尔库塞认为，马克思关于资本主义的理论是古典的理论，因为时代已进入了发达工业的社会，因此，剩余价值学说过时了，因为工人的生活水平的提高，已达到了资产阶级和无产阶级同流合污的阶段，他们共同组成"富裕的社会"，而这个富裕的社会里，人的异化不再是由于生活财富的匮乏造成的，而是财富的堆积造成的，其表现是生活日益奢华，政治和经济权利高度集中，科学和伪科学盛行，整个社会成了争权夺利的机器，一切社会关系都变成了片面的社会关系，人的人性被严重地压抑甚至扭曲，人成了"单面人"。这种压抑主要分两种：本能的压抑和补充的压抑。前者是指维护发达工业文明的"现实原则"把人类追求快乐的本能，主要是性本能压制下去了；而后者则是为了有利于维护和发展文明，由具体统治结构采用一些补充的控制形式使人类的可能状况和现实状况的鸿沟增大。

因此，必须发动革命来解放人性，这种革命不是像马克思所说的政治革命，即打碎旧的国家机器，而是心理学的革命，或性本能的革命，那就是要解放人性，解放性欲。这样就要建立"反文化"战线，形成新意识，培养新型的人，即性本能彻底解放的人。这些人是革命的主体，而不是像马克思所说的那些无产阶级是革命的主体。他们所建立的社会也不是马克思的乌托邦式的共产主义社会，而是没有任何压抑没有任何统治的性的解放的社会。在这个社会里，一切冲突、敌对、反抗统统消失了，出现的是满足和肉体的感受，是对立的统一和"宁静生存的真正和谐"。

第四节　弗洛伊德与现代西方文艺思潮

现代西方文艺思潮是个很广泛的概念，总的说来它是指十九世纪末二十世纪初崛起的并盛行一时的各种大大小小流派的总汇，如象征主义、表现主义、未来主义、达达主义、超现实主义、意识流小说、存在主义文学等，它们总的特点都是对传统的反叛，对非理性的注重，这样的一股思潮在本质上具有与弗洛伊德相通之处。因此，他们吸收弗洛伊德的思想来发展他们的理论，这就不足为怪了。

一、弗洛伊德与现代西方文艺创作

在文艺创作方面受弗洛伊德影响较深的主要有起现实主义和意识流小说。

超现实主义的创始人是安德烈·布勒东（André Breton, 1896—1966）。布勒东在其《超现实主义宣言》这一标志超现实主义诞生的文章中明确地表明了弗洛伊德对他们的影响，弗洛伊德是其理论的精神支柱。从《超现实主义宣言》一文中看，他受弗洛伊德的影响主要有以下几个方面：

首先，他们倡导利用弗洛伊德的自由联想法来作为写作方式。弗洛伊德的自由联想法是用来揭示病人病源的，他主张人在极度的放松下任由脑海中的思想浮现、不加控制、不加评说。布勒东认为,这种自由联想对作家的写作具有极大的启发性,超现实主义就应该记录我们的自由联想,而不要对浮现在我们脑海中的念头妄加评说。由此,布勒东给超现实主义下了这样的一个定义:"超现实主义,阳性名词:纯粹的精神自动性。人们打算通过它,以口头、书面或任何其他的形式表达思想的真正活动。它是思想的照实记录,没有丝毫理智的控制,摆脱了任何美学或伦理的成见。"

其次,他们把无意识看作是文艺作品的源泉,鼓吹面向内心的追求。超现实主义认为,写作就是无意识的自由流露,无意识是真善美的源泉,由于人们日常生活中的政治社会因素的压制,无意识处在被压抑状态,超现实主义应该将其解放出来,当作生活的实在,使人的精神获得自由和解放。同时他们对性欲问题也很重视,曾专门对此进行研究,但他们与弗洛伊德的性本能观点不同的是,他们的立足点是爱情,认为爱是生活和创造的动力,一切反对爱的东西都应该被消灭。

第三,他们注重梦境和幻觉,认为梦境和幻觉是内心的真实流露,因此他们的创作中便大量地出现了梦境和幻觉的东西。布勒东在《超现实主义宣言》中说:"梦境与现实这两种状态似乎互不兼容,但我相信在未来这两者必会融为一体,形成一种绝对的现实,亦即超现实。"

超现实主义就是按照这些方针来创作的。如布勒东自己创作的《可溶解的鱼》,就是自由联想的产物,全书由三十节毫无联系的散文组成,记录了梦幻般的内心活动,倾注了各种各样的与现实相碰撞的意象。又如,他的诗体小说《娜嘉》就是理智和疯狂交界、清醒和梦幻杂糅。

超现实主义的画家也受弗洛伊德的影响而创作了许多著名的画作。西班牙的三位现代派大师毕加索、达利、米罗等就是其中的佼佼者。他们把无意识诱导出来的形象作为主题，描绘自己的种种梦幻和主观感受。最著名的要数达利，他画的钟表像一个软面团从树枝、表匣边滑下来，落到一株横在地上的长着睫毛的幼芽上，而这幼芽却是个形体歪曲的人头。据说，达利当时也对自己画出来的形象感到惊奇，因为这是他无意识的流露。

受弗洛伊德影响较深的还有意识流小说流派。意识流的概念来自美国哲学家、心理学家威廉·詹姆斯（William James，1842—1910）。这一流派早在弗洛伊德有关梦的著作之前就已经存在了，他们强调人的心理活动的联机不断地变化的过程，强调意识的随意性、主观性和不合逻辑性，因此其倾向与弗洛伊德异曲同工。弗洛伊德的精神分析发明以后，意识流派立即开始吸收弗洛伊德的思想，尤其是无意识理论。弗洛伊德改变了意识流派的心理看法，他将意识分为意识、前意识、无意识，并认为无意识是前二者的根源的观点，使他们的理论更深入到人的心理底层，并且为他们的理论提供了科学的基础。此外意识流派的写作方法也吸收了弗洛伊德自由联想法的精髓。自由联想法只让病人自由联想，医生不加干预，仿佛没有医生似的，意识流派的写作也是一任主人公自由地倾吐自己的思想，作家不做任何评说，在作品中作家隐匿不见了。

意识流派的著名作家有很多，但最突出的要数爱尔兰作家乔伊斯（J. Joyce, 1882—1941）。乔伊斯在其小说《尤利西斯》中，充分表现了意识流小说的写作特点。乔伊斯利用小说主人公的内心独白，展现了变幻莫测的心理时空，倾诉了自己脑海中的自由联想，呈现了不同层次的心理活动，特别是对潜意识制约下的各种各样的幻觉经验的描绘，对性冲动、性心理及亲子关系等主题的特殊处理，带有强烈的弗洛伊德痕迹。

弗洛伊德的思想还以各种各样的形式渗透到其他许多作家的文艺思想和文艺创作中，包括表现主义的代表人物卡夫卡（F. Kafka, 1883—1924），英国的颓废派作家劳伦斯（D. H. Lawrence, 1885—1930），德国的批判现实主义作家托马斯·曼（Thomas Mann, 1875—1995），以及美国的批判现实主义作家德莱塞（Thendore Dreiser）。德莱塞对弗洛伊德的影响说过这么一段话，也许，这可以代表二十世纪初作家的共同心声：

> 我永远忘不了我第一次接触弗洛伊德的《性学三论》《图腾与禁忌》以及《梦的解析》时的情景。在当时，甚至现在，它们的每一章每一节都浮现在我的脑海中。一束强烈的、天启的光芒照亮了萦绕我心头、纠缠我作品的那些黑暗的问题。它帮助我研究人生和人。当时我说过这样的话，在此我再重复一遍：他使我想起这样的一个侵略者，这个侵略者攻占了一座城市，他走进那些古老而灰暗的监狱，采取了一个宽宏大量的行动，那就是把那些千百年来折磨人的公式信仰和幻想的囚徒从其

沉闷生锈的细胞中解放了出来。现在我还是这么认为。这就是弗洛伊德投向人类心灵的光芒！它异想天开！它摧毁幻想！它疗疾灵验！对于我来说，它又伟大又美丽。[7]

二、弗洛伊德与现代西方文艺批评

把精神分析应用到文艺批评上，这是弗洛伊德带的头。弗洛伊德自己就曾分析过索福克勒斯的《俄狄浦斯王》、莎士比亚的《哈姆雷特》、歌德的《诗与真》以及霍夫曼的志怪小说。在做这些分析时，弗洛伊德都是用俄狄浦斯情结作为标准的。他的这一行动直接导致了其后的精神分析的文艺批评。

精神分析的文艺批评的主要人物是弗洛伊德的学生琼斯和兰克。琼斯著有《用于解释哈姆雷特之奥秘的俄狄浦斯情结》，兰克著有《诗歌与民间传说的乱伦主题》。他们都是在作品中去寻找儿童性欲和家庭乱伦的内容。按照弗洛伊德的学说，人的潜意识是人的本能欲望的压抑，这些潜意识有时趁意识不注意会在作家写作之时偷偷地溜出来在白纸上变成黑字；或者说，这些经过意识检查的文字也是无意识的结果。因此，精神分析的文艺批评家总是透过作品的表面形式去挖掘其中的内在深意。

弗洛伊德的思想还影响到另外一派文艺批评，即原型批

---

[7] Freud: *The man and the cause*, p. 421.

评。原型批评的创始人也是弗洛伊德的学生,就是大名鼎鼎的荣格。荣格把弗洛伊德的无意识扩大为两个部分:即个体的无意识和集体的无意识。集体无意识的内容就是各种原型。原型批评的另一个创始人是英国的人类学家弗雷泽 (J. G. Frazer, 1854—1941)。原型批评在二十世纪四十至五十年代迅速发展,很快名震遐迩,成为国际性的文艺批评流派。原型批评把文学艺术的主题、形象和叙事方式解释成人类的基本原型的象征和再现。这一流派的代表者是加拿大的诺思罗普·弗莱 (N. Frye),他在其《批评的解剖》一书中,把文学艺术看作是人类文明的一种象征形式,并从远古的宗教仪式、神话和信仰中去追寻这种象征活动的源头,发现基本的原型,从原型的置换变形的角度去透视文艺作品构成的规律。

弗洛伊德年表

1856年　5月6日生于奥匈帝国的摩拉维亚的弗莱堡（今属捷克斯洛伐克）。父亲雅各布·弗洛伊德（1815—1896）是个不得意的毛织商人。母亲阿玛莉·弗洛伊德（1835—1930）贤淑勤勉。家有两个异母哥哥，两个同胞弟弟，五个妹妹。双亲皆为犹太人。

1859年　举家迁往莱比锡。

1860年　移居维也纳，其后一生的大部分皆在此度过。

1865年　比一般人早一年上文科中学，直至毕业，成绩一直名列前茅。在上学之前，主要由父亲言传身教，以《圣经》和犹太法典的知识为主。

1872年　探访诞生之地弗莱堡，与父亲朋友的女儿吉夏拉产生初恋。

1873年　以优异成绩毕业于文科中学。毕业前夕，听卡尔·布吕尔教授的讲演，对他朗诵的《论自然》一文憬然有悟，决定攻读医学。由于成绩优异，中学毕业后按其志愿被保送到维也纳大学医学院。在大学里对著名生物学家布吕克、动物学家克劳斯、哲学家布伦塔诺的课最感兴趣。受到克劳斯教授的褒奖。

1876 年　进入布吕克生物学研究所工作，被指定研究神经系统组织学，主攻低等动物的神经细胞及其功能。在此结识布洛伊尔教授。

1877 年　拼出第一个科研成果《鳗鱼的生殖腺的形态和构造》，并在科学院《学报》发表。

1880 年　应征入伍。将英国哲学家约翰·穆勒论社会问题及有关柏拉图的论文译成德文，译笔流畅。

1881 年　迟三年接受医学院毕业考试，以优秀的成绩获博士学位。

1882 年　4月，与犹太姑娘玛莎·贝尔奈斯（1861—1950）邂逅。6月，与玛莎·贝尔奈斯订婚。7月，接受恩师布吕克的建议，从生物研究转为临床医学，并在维也纳总医院服务，初为外科，后转为内科。

1884 年　发表有关可卡因的麻醉作用的论文《论可卡因》。

1885 年　任维也纳大学神经病理学讲师。受布吕克的推荐留学巴黎，师从法国精神病学家沙可（1825—1893），对歇斯底里研究大感兴趣。

1886 年　与玛莎·贝尔奈斯结婚。在维也纳开设医治精神病的私人诊所。

1887 年　长女玛蒂尔德出生。与柏林内科、耳鼻喉科医生弗利斯结交，成为最好的朋友。开始用催眠术治疗。并同布洛伊尔合作，对歇斯底里进行治疗，先用宣泄法，后发展成为自由联想法。

1889 年　赴法国南锡向伯恩海姆学习暗示法。在治疗少女杜拉中，分析梦。长子马丁出生。
1891年　发表《论失语症》。次子奥利弗出生。
1892年　三子恩斯特出生。
1893年　与布洛伊尔合著《歇斯底里现象的心理机制》发表。
1895年　与布洛伊尔合著《关于歇斯底里的研究》出版。7月24日，首次对自己的梦进行分析，这就是著名的《伊玛的注射》。从这时开始，放弃催眠疗法，改用自由联想法。12月，小女儿安娜出生。
1896年　开始使用"精神分析"一词。小姨明娜·贝尔斯住到他家。10月，父亲病亡，促使他回忆幼年生活。
1897年　对自己进行精神分析。
1898年　发表关于幼儿性欲的论文，以及《性在神经症病因学中的地位》。
1900年　《梦的解析》出版。与弗里斯发生冲突，友谊破裂。
1902年　与弗里斯绝交。与阿德勒（1870—1937）等人建立"星期三心理学学会"。不久兰克和汉斯加入。
1904年　发表少女杜拉的病例报告。《日常生活的精神病理学》出版。
1905年　《性学三论》完稿，同时完稿的还有《诙谐及其与无意识的关系》。探索源自幼儿的性欲发表规律。
1906年　与荣格（1875—1961）定期通信。
1907年　与荣格见面。与卡尔·阿伯拉罕交往。
1908年　在萨尔茨堡召开第一次国际精神分析代表大会。4

月,"星期三心理学学会"改名为"维也纳心理分析学会"。开始与琼斯和费伦茨交往。发表《"文明的"性道德与现代神经病》《诗人与幻想》《歇斯底里的幻想及其与两性并存的关系》《性格与肛欲》等。

1909年 任维也纳大学医学院神经生理学助教授。9月,应美国心理学家霍尔(1844—1924)之邀与荣格一起赴美讲学,作《精神分析五讲》。在美会晤著名哲学家、心理学家威廉·詹姆斯(1842—1910),受到高度评价。研究一个五岁男孩的病历,进一步证明歇斯底里与幼年的性有关。后来又以之论证文明的起源。

1910年 第二届国际精神分析学会代表大会在纽伦堡召开,荣格当选为主席。提出自恋理论,发表《爱情心理学之一》,研究达·芬奇的绘画与幼儿期的关系。

1911年 第三届国际精神分析学会代表大会在魏玛召开。阿德勒退出学会,另建"自由精神分析学会"。因理论观点之分歧,与荣格关系恶化。美国精神分析运动兴起,第一项集会在巴尔的摩举行。发表《对心智机能的两原则之剖析》。

1912年 创办《意象》(*Imago*)杂志,将精神分析扩展到其他学科,弗洛伊德在杂志上发表《图腾与禁忌》。

1913年 第四届国际精神分析学会代表大会在慕尼黑召开。与荣格决裂。在琼斯的建议下,成立保卫弗洛伊德委员会,主要成员有费伦茨、阿伯拉罕、琼斯、萨克斯、兰克等。《文化论》出版。

1914年　因第一次世界大战爆发，德累斯顿大会中止。荣格退出学会。撰写《精神分析运动史》批判荣格与阿德勒。发表《米开朗基罗的摩西》。

1915年　里尔克访问弗洛伊德。在维也纳大学开设"精神分析引论"讲座。发表《无意识》《压抑》等心理玄学方面的论文。

1917年　《精神分析引论》出版。

1918年　第五届国际精神分析学会代表大会在布达佩斯召开，费伦茨任主席。发表《爱情心理学之三》。

1919年　在维也纳设立"国际精神分析出版所"。艾丁根加入学会。

1920年　第六届国际精神分析学会代表大会在海牙召开。著《超越快乐原则》。女儿索菲病亡。

1921年　发表《集体心理学和自我的分析》，涉及社会心理学。

1922年　下颚癌手术，至死共施手术33次。第七届国际精神分析学会代表大会在柏林召开。女儿安娜当选会员。发表《梦和心灵感应》《嫉妒、妄想狂及同性恋的某些神经病机制》。

1923年　与罗曼·罗兰通信。著《自我与本我》。

1924年　第九届国际精神分析学会代表大会在萨尔茨堡召开，阿伯拉罕任主席。罗曼·罗兰和茨威格来访。发表《精神分析概述》。维也纳开始出版《弗洛伊德全集》。

1925年　第九届国际精神分析学会代表大会在洪堡召开。安娜代表弗洛伊德宣读论文。布洛伊尔和阿伯拉罕去世，弗洛伊德撰文悼念。

1926年　艾丁根任国际精神分析学会会长，弗洛伊德决定引退。与兰克分手。七十大寿时，罗曼·罗兰、爱因斯坦等致贺电。发表《抑制、症状与焦虑》。

1927年　第十届国际精神分析学会代表大会在因斯布鲁克召开。发表《一个幻觉的未来》《拜物教》等研究宗教的论文。

1928年　发表《陀思妥耶夫斯基与弑父者》《卡拉马佐夫兄弟》《论"俄狄浦斯情结"在文学上的应用》。

1929年　第十一届国际精神分析代表大会在牛津召开。德国作家托马斯·曼在《近代精神史上弗洛伊德的地位》一文中对弗氏评价甚高。

1930年　获歌德文学奖。发表《文明及其不满》。9月，母病亡，享年95岁。

1931年　发表《力比多类型》《女性性欲》等，研究女性性欲及性动力诸类型。

1932年　第十二届国际精神分析学会代表大会在威斯巴登召开，琼斯任主席。发表《精神分析引论新编》《为什么有战争》。访问托马斯·曼。

1933年　希特勒上台，弗洛伊德的全部书籍成为禁书。

1934年　第十三届国际精神分析学会代表大会在卢塞恩召开。

1935年　被授予英国皇家学会名誉会员。

1936 年　盖世太保冻结"国际精神分析出版所"的全部财产。八十大寿时，罗曼·罗兰、茨威格、托马斯·曼等 100 多位著名作家，集体署名赠送生日礼物，由托马斯·曼面交。第十四届国际精神分析学会代表大会在马里安巴特召开。发表《给托马斯·曼——祝他六十大寿》《自传的 1935 年追补》。

1937 年　发表《有结局的分析和无结局的分析》，撰《摩西，一个埃及人》。

1938 年　纳粹入侵奥地利，没收"国际精神分析出版所"。6 月，因纳粹逐犹运动，弗氏亡命伦敦。在伦敦会见了马林诺夫斯基、茨威格、达利等人。8 月，第十四届国际精神分析学会代表大会在巴黎召开。

1939 年　因癌症复发，不能手术，嘱医生作安乐死。琼斯与茨威格分别在伦敦与德国发表悼念演说。《摩西与一神教》出版，执笔中的《精神分析纲要》未能完成。

1940 年　《弗洛伊德全集（18 卷本）》出版发行，1952 年出齐。1953 年起，由詹姆斯·斯特拉奇等人主编的《弗洛伊德全集（24 卷）》（标准版）陆续出版。

《弗洛伊德全集》标准版目录

第一卷

总序[①]

关于我在巴黎和柏林学习情况的汇报

沙可的《神经系统疾病讲义》译序（1886）

一例严重的男性癔症性偏侧感觉缺失的观察报告（1886）

短评二则（1887）

评艾乌伯克的《急性神经衰弱》

评魏尔·迈特契尔的《神经衰弱和癔症的治疗》

癔症（1888）

附：癔——癫痫［发作］

有关催眠与暗示的论文（1888—1892）

编者导言

伯恩海姆的《暗示》译序（1888）

[①] *The Standard Edition of The Complete Psychological Works of Sigmund Freud*, edited by James Strachey and Anna *Freud*, The Hogarth Press.

附录：德文第二版序

评奥古斯特·弗雷尔的《催眠术》(1889)

催眠术 (1891)

一例成功的催眠治疗 (1892—1893)

沙可的《星期二演讲》译序及脚注 (1892—1894)

1893"序言"概况 (1940—1941)

1. 给约瑟夫·布洛伊尔的信
2. "Ⅲ"
3. 关于癔症发作的理论

器质性运动麻痹和癔症性运动麻痹比较研究要点 (1893 [1888—1893])

弗里斯论文提要 (1950 [1892—1899])

科学心理学设计 (1950 [1895])

设计缩写解释

 一、总纲

 编者附录 A：弗洛伊德有关倒退概念的使用

 二、精神病理学

 三、试述正常 ψ 过程

 编者附录 B：弗洛伊德于 1896 年 1 月 1 日给弗里斯的第 39 封信摘要

 编者附录 C：Q 的实质

第二卷

关于癔症的研究 (*Studien uber Hysterie*, 1893—1895)

（约瑟夫·布洛伊尔和西格蒙德·弗洛伊德合著）

一、癔症现象的心理机制：绪言（1893）（布洛伊尔和弗洛伊德合著）

二、病例

1. 安娜·O小姐（布洛伊尔）

2. 伊玛·冯·N夫人（弗洛伊德）

3. 露西·R小姐（弗洛伊德）

4. 凯塞琳娜（弗洛伊德）

5. 伊丽莎白·冯·R小姐（弗洛伊德）

三、理论（布洛伊尔）

四、癔症的心理治疗（弗洛伊德）

编者附录A：伊玛·冯·N夫人病症年表

编者附录B：弗洛伊德主要论述转换性癔症的著作目录

第三卷

《弗洛伊德1893—1906短篇论文集》序（1906）

沙可（1893）

癔症的心理机制：一次演讲（1893）

防御性神经精神病（1894）

附：弗洛伊德基本假设的出现

强迫症与恐怖症：心理机制与病因（1895［1894］）

编者附录：弗洛伊德论恐怖症

关于用"焦虑性神经症"将一种特殊综合征与神经衰弱相区别的理由（1895［1894］）

编者附录：关于 Angst（焦虑）及其英文译法

对我的"焦虑性神经症"的论文所受批评的答复（1895）

遗传和神经症的病因（1896）

再论防御性神经精神病（1896）

癔症的病因（1896）

弗洛伊德 1877—1897 科学论文摘要（1897）

性欲在神经症病因学中的地位（1898）

遗忘的心理机制（1898）

掩蔽性记忆（1899）

自传注释（1901 [1899]）

第四卷

梦的解析（*Die Traumdeutung*, 1900）

一、关于梦的问题的科学文献

二、析梦的方法：一个梦例的分析

三、梦是愿望的满足

四、梦的伪装

五、梦的材料与来源

六、梦的工作：A-C 部分

第五卷

梦的解析（续）

六、梦的工作：D-I 部分

七、梦的过程的心理

附录 A：一个得到实现的预兆性的梦

编者附录 B：弗洛伊德主要论述梦的著述目录

论梦（*Über den Traum*, 1901）

梦的索引

第六卷

日常生活的精神病理学（*Zur Psychopathologie des Alltagslebens.*, 1901）

失误行为索引

第七卷

一例癔症分析片段（1905［1901］）

性学三论（*Drei Abhandlungen zur Sexualtheorie*, 1905）

  一、性变态

  二、幼儿性欲

  三、青春期变化

  提要

编者附录：弗洛伊德主要论述性欲的著述目录

弗洛伊德精神分析程序（1904［1903］）

论心理治疗（1905［1904］）

我对性欲在神经症病因中的作用的看法（1906［1904］）

心理（或精神）疗法（1890）

舞台上的精神变态人物（1942 [1905 或 1906]）

第八卷

诙谐及其与潜意识的关系（1905）
编者附录：弗朗兹·布伦塔诺的谜语
诙谐索引

第九卷

詹森的《格拉迪沃》中的幻觉与梦（1907 [1906]）
再版跋（1912）
精神分析与法律诉讼中的事实确定（1906）
强迫性行为与宗教活动（*Zwangshandlungen und Religionsubungen*，1907）
儿童性启蒙（1907）
作家与白日梦（1908）
癔症的幻想及其与两性并存的关系（1908）
性格与肛欲（1908）
"文明的"性道德与现代神经症（1908）
幼儿关于性的想法（1908）
癔症发作概论（1909 [1908]）
家族传奇（1909 [1908]）
短篇论文（1903—1909）
为"阅读书目调查表"所开列的书单

《实用精神病理学论文集》内容简介
魏尔海姆·斯泰克尔的《神经焦虑状态及其治疗》序
桑多尔·费伦茨的《精神分析：精神分析论文集》序
写给《新自由评论报》的论文

第十卷

对一个五岁男孩的恐怖症的分析（1909）
跋（1922）
一例强迫性神经症的说明（1909）
  1. 病历摘要
  2. 理论
补遗：病例的原始记录
编者附录：弗洛伊德论述儿童焦虑与恐怖症及强迫性神经症的某些著述

第十一卷

精神分析五讲（1910［1909］）
  附录：弗洛伊德讲解性的著作目录
达·芬奇对儿时的回忆（1910）
精神分析治疗的未来展望（1910）
一些原始词汇的反意（1910）
男子性爱对象选择的一种特殊类型（爱情心理学之一）（1910）

阳萎——一种常见的性生活衰退（爱情心理学之二）
（1912）

对处女的禁忌（爱情心理学之三）（1918［1917］）

精神分析关于心因性视觉失调的观点（1910）

"粗野的"精神分析（1910）

短篇论文（1910）

《关于自杀的讨论》内容简介

给弗里德里奇·S. 克劳斯关于《食人肉者》的一封信

病人自己显示的病源性幻想二例

评魏尔海姆·纽特拉的《给神经症妇女的信》

第十二卷

精神分析对一个偏执狂病人的自传性叙述的说明（1911）

跋（1912［1911］）

关于治疗技术的论文（1911—1915［1914］）

编者导言

析梦在精神分析中的运用（1911）

移情的动力学

对进行精神分析治疗的医生的几点忠告（1912）

论开始治疗（关于精神分析技术的进一步忠告之一）
（1913）

回忆、重复和逐步突破（关于精神分析技术的进一步忠告之二）（1915［1914］）

编者附录：弗洛伊德主要论述精神分析技术和心理治疗

理论的著述目录

民间传说中的梦（1957［1911］）（弗洛伊德与奥本海姆）

论精神分析（1913［1911］）

对心智机能的两原则之剖析（1911）

神经症发作类型（1912）

关于手淫的讨论（1912）

关于精神分析中潜意识的注释（1913）

一个作为证据的梦（1913）

神话故事材料在梦中的出现（1913）

三个小匣子的主题（1913）

儿童的两个谎言（1913）

强迫性神经症的倾向（1913）

普费斯特的《精神分析方法》导言（1913）

波克的《世界各地有关粪便的习俗》序（1913）

短篇论文（1911—1913）

元音字母前后排列顺序的意义

"以弗所书中的狄安娜多么伟大"

马克西姆·斯特纳的《男性性功能的心理障碍》序

第十三卷

图腾与禁忌（*Totem und Tabu*，1913［1912—1913］）

编者附录：弗洛伊德论述社会人类学、神话学和宗教史的著述目录

精神分析对科学兴趣的要求

从精神分析实践中来的观察和实例（1913）

精神分析治疗中的体验调查（"已经讲过了"）（1914）

米开朗基罗的摩西（Der Moses des Michelangelo, 1914）

跋（1927）

关于学童心理学的一些想法（1914）

第十四卷

精神分析运动史（1914）

论自恋：导论（1914）

有关心理玄学的论文（1915）

本能及其变化（Triebe und Triebschicksale, 1915）

压抑（1915）

潜意识（1915）

编者附录 A：弗洛伊德与艾瓦尔德·海林

编者附录 B：心身平行论

编者附录 C：词与物

心理玄学对梦的理论的一个补充（1917 [1915]）

悲伤与抑郁症（1917 [1915]）

编者附录：弗洛伊德主要论述普通心理学理论的著述目录

与精神分析疾病理论相违背的一例偏执狂（1915）

目前对战争及死亡的看法（Zeitgemäßes über Krieg und Tod, 1915）

附录：弗洛伊德给德里克·冯·伊登博士的信
论变化无常（1916［1915］）
在精神分析中所遇到的一些性格类型（1916）
短篇论文（1915—1916）
神话中与视觉强迫症的类似情况
一种症状与一种象征之间的联系
给赫曼因·冯·胡－海尔姆斯博士的信

第十五卷

精神分析引论（1916—1917［1915—1917］）
一、过失心理学（1916［1915］）（1—4讲）
二、梦（1916［1915—1916］）（5—15讲）

第十六卷

精神分析引论（续）
三、神经病通论（1917［1916—1917］）（16—28讲）
　　过失索引
　　梦索引
　　象征索引

第十七卷

从一例幼儿神经病史中得到的启示（1918［1914］）

编者附录：弗洛伊德的较长的病例一览表
关于在肛欲性欲中所证明的本能转变（1917）
精神分析发展过程中的一个困难（1917）
《诗与真》中的儿时记忆（1917）
精神分析治疗中的进展路线（1919［1918］）
谈在大学里教授精神分析（1919［1918］）
"孩子挨打"：写给性变态起源的研究（1919）
《精神分析与战争神经病》导言（1919）
附录：对战争神经病进行电疗的备忘录
"怪人"（1919）
编者附录：丹尼尔·桑德斯的《德语词典》摘要
赖克的《仪式：精神分析的研究》序（1919）
短篇论文（1919）
关于精神分析的出版物及奖金的说明
詹姆斯·J.普特南
维克多·塔斯克

第十八卷

超越快乐原则（*Jenseits des Lustprinzips*，1920）
集体心理学和自我的分析（*Massenpsychologie und IchAnalyse*，1921）
一个女性同性恋病人的心理发生（1920）
精神分析与心灵感应（1941［1921］）
梦和心灵感应（1922）

嫉妒、妄想狂及同性恋的某些神经病机制（1922）

《百科全书》的两个词条（1923［1922］）

    1. 精神分析

    2. 力比多理论

短篇论文（1920—1922）

关于精神分析的史前史的说明（1920）

一个4岁儿童的联想（1920）

安东·冯·弗洛英德博士（1920）

普特南的《精神分析演讲录》序（1921）

沃伦冬克的《白日梦心理学》导言（1921）

美杜萨的头（1940［1922］）

第十九卷

自我与本我（Ich und Es，1923）

编者附录 A：描述性的无意识与动力性的无意识

编者附录 B：力比多的巨大贮存库

十七世纪的附魔神经病（1923［1922］）

论析梦的理论与实践（1923［1922］）

从整体上对析梦的补充说明（1925）

婴幼儿的性器构造：性理论的补遗（1923）

神经病与精神病（1924［1923］）

受虐癖的经济问题（Das okonomische Problem des Masochismus，1924）

俄狄浦斯情结的解除（1924）

神经病与精神病的现实性丧失（1924）

精神分析概述（1924［1923］）

对精神分析的抵抗（1925［1924］）

编者附录：叔本华的《作为意志和表象的世界》摘录

关于"奇迹本"的说明（1925［1924］）

否定（1925）

两性解剖差异的心理后果（1925）

约瑟夫·波普－林库斯和梦的理论（1923）

桑多尔·费伦茨博士（五十寿庆）（1925）

艾契豪恩的《任性的青年人》序（1925）

约瑟夫·布洛伊尔（1925）

短篇论文（1922—1925）

雷蒙德·达·索绪尔《精神分析的方法》序

马克斯·艾丁根的《关于柏林精神分析门诊部的报告（1920年3月—1922年6月）》序

给弗里斯·魏特尔斯的信

给西尼·露易丝·劳柏丝－贝利斯特罗丝·伊·达·特里斯的信

给《Le Disgue Vert》的信

给《苏黎世犹太新闻中心报》编者的信

在希伯来大学开学之际

《期刊》的编者更替

第二十卷

自传（1925［1924］）

跋（1935）

抑制、症状与焦虑（1926［1925］）

编者附录 A："压抑"和"防御"

编者附录 B：弗洛伊德主要论述焦虑的著述目录

非专业分析的问题（1926）

跋（1927）

精神分析（1926［1925］）

给布奈·布里思协会的讲演（1941［1926］）

短篇论文（1926）

卡尔·阿伯拉罕

给罗曼·罗兰

写给佩克沃思·法罗的一篇论文的序言性说明

第二十一卷

一个幻觉的未来（*Die Zukunft einer Illusion*, 1927）

文明及其缺憾（*Das Unbehagen in der Kultur*, 1930［1929］）

拜物教（1927）

幽默（1927）

宗教体验（1928［1927］）

陀思妥耶夫斯基与弑父者（1928［1927］）

附：弗洛伊德给西奥多·赖克的一封信
笛卡尔的梦：给马克西姆·列罗的信（1929）
歌德奖金（1930）
给阿方斯·佩奎特的信
在法兰克福歌德大厅所做的演讲
编者附录：弗洛伊德主要论述艺术、文学或美学理论的著述目录
力比多类型（1931）
女性性欲（1931）
短篇论文（1926—1931）
赖克和庸医行骗的问题：给《新闻自由报》的信
厄内斯特·琼斯（五十寿庆）
专家对霍尔斯曼病例的意见
心理病理学特刊号《医学评论》导言
艾道多·魏斯的《精神分析要素》导言
《柏林精神分析学研究所的十年》序
赫曼·南伯格的《以精神分析为基础的神经症概论》序
给皮利波的伯格马斯特的信

第二十二卷

精神分析引论新编（*Neue Folge der Vorlesungen zur Einfuhrung in die Psychoanalyse* 1933［1932］）（29—35讲）
生气及其控制（1932［1931］）
为什么有战争？（*Warum Krieg?* 1933［1932］）（爱因

斯坦和弗洛伊德）

 爱因斯坦的信

 弗洛伊德的信

 我与约瑟夫·波普-林库斯的交往（1932）

 桑多尔·费伦茨（1933）

 过失行为的奥秘（1935）

 关于卫城的记忆障碍（1936）

 短篇论文（1931—1936）

 给乔治·福彻斯的信（1931）

 理查德·斯特伯的《精神分析词典》序（1936［1932］）

 马里·波拿巴《埃德加·爱伦·坡的生活与著作：精神分析的解释》序（1933）

 给托马斯·曼——祝他六十大寿

第二十三卷

摩西与一神教：三论（1939［1934—1938］）

编者关于专有名称的翻译问题的说明

 一、摩西，一个埃及人

 二、假如摩西是埃及人

 三、摩西，他的人民和一神教

精神分析纲要（1940［1938］）

 一、精神及其活动

 二、实践任务

 三、理论成就

有结局的分析和无结局的分析（*Die endiche und die unendliche Analyse*, 1937）

分析的结构（1937）

防御过程中的自我分裂（1938）

精神分析的一些基本教训（1938）

论反犹太主义（1938）

短篇论文（1937—1938）

鲁·安德里斯 - 塞洛姆

成果、思想、问题

英国的反犹太主义

第二十四卷

序

导言

标准版全集 1—23 卷目录

图片目录

缩写目录

标准版中弗洛伊德著作的字母顺序排列目录

编者注解索引

    A. 编者评注目录

    B. 名词及其用法注释

    C. 主题目录索引

文献目录和作者索引

    A. 弗洛伊德文献目录

B. 除弗洛伊德外的文献目录和作者索引

期刊和论文集目录

病例索引

梦的一览表

象征索引

比喻索引

艺术和文学作品索引

人名索引

一般主题索引

补遗和勘误

参考书目

一、德文书目

1. Freud, Sigmund: *Studienausgabe*. Herausgegeben von Alexander Mitscherlich, Angela Richards, James Strachey. Fischer Tatschenbuch Verlag, 1969—1979.
   Band I: *Vorlesungen zur Einfuhrung in die Psy choanalyse, Neue Folge der Verlesungen in die Psychoanalyse.*
   Band II: *Die Traumdeutung.*
   Band III: *Psychologie des Unbewußten.Band V: Sexualleben.*
   Band VII: *Zwang, Paranoia und Perversion.*
   Band IX: *Fragen der Gesellschaft, Ursprunger der Religion.*
2. Freud, Sigmund: *Zur Psychopathologie des Alltagslebens*. Internationaler Psychoanalytischer Verlag, Wien, 1929.
3. Candrau, Gion: *Sigmund Freud und Martin Heidegger*. Universtatsverlag, 1992.
4. Fromm, Erich: *Schriften uber Sigmund Freud*. Deutsche Verlags Anstalt, 1989.

5. Kessler, Alfred S.: *Zur Entwecklung des Realitatsbegriffs bei Sigmund Freud*, Konigschausen u. Neumann, 1989.
6. Roazen, Paul: *Sigmund Freud und Sein Kreis*. Pawlak, 1976.

二、英文书目

1. Freud, Sigmund: *The Standard Edition of the Complete Psychological Works of Sigmund Freud*, edited by James Strachey and Anna Freud, The Hogarth Press. 1955.
Volume II: *Studies on Hysteria*.
Volume XII: *The Case of Schreber Papers on Technique and Other Works*.
2. Freud, Sigmund: *The Basic Writings of Sigmund Freud*, translated and edited by A. A. Brill. Modern Library, 1938.
3. Freud, Sigmund: *An Autobiographical Study*. The Hogarth Press. 1935.
4. Freud, Sigmund: *Letters of Sigmund Freud* (1873—1939), edited by Ernst L. Freud. The Hogarth Press. 1961.
5. Barrett, William: *Irrational Man*. Doubeday & Company, Inc., 1962.
6. Berliner, Arthur K.: *Psychoanalysis and Society: The Social Thought of Sigmund Freud*. Univ. Pr. of America, 1983.

7. Boring, Edward G. : *A History of Experimental Psychology*. AppletonCenturyGrofts, Inc. , 1950.
8. Burn, Edward McNall, & Ralph, Philip Lee: *World Civilizations*. W. W. Norton & Company, Inc. , 1974.
9. Chaplin, James P. , & Krawiec, T. S. : *Systems and Theories of Psychology*. Holt, Rinehart and Winston, 1979.
10. Clark, Ronald W. : *Freud: The Man and The Cause*. Jonathan Cape and Weidenfeld and Nicolsen, 1980.
11. Gay, Peter: *Freud: A Life for Our Time*. W. W. Norton & Co. , 1988.
12. Ghosh, Niva: *Freud and Adler on Man and Society*. Firma Klm Private Limited, 1981.
13. Herzog, Patricia Susan: *Conscious and Unconscious: Freud's Dynamic Distinction Reconsidered*, International Univ. Pr. , 1991.
14. Jones, Ernest: *The Life and Work of Sigmund Freud*. Basic Book Inc. , 1955.
    Volume I: *The Formative Years and The Great Discoveries* (*1856—1900).
    Volume II: *Years of Maturity* (1901—1919).
15. Isbistor, J. N. : *Freud: An Introduction to His Life and Work*. Polity Pr. , 1985.
16. Krull, Marianne: *Freud and His Father*. W. W. Norton & Co. , 1986.

17. Lewis, Hele Block: *Freud and Modern Psychology.* Plenum Pr., 1981.
18. Murphy, Gardner, & Kovach, Joseph, K.: *Historical Introduction to Modern Psychology.* Harcourt Brace Jovanovich, Inc., 1972.
19. Olsen, Ole Andkjaer: *Freud's Theory of PsychoAnalysis.* New York Univ. Pr., 1988.
20. Wittels, Fritz: *Freud and His Time.* Horace Liveright, Inc., 1931.
21. Wollheim, Richard, & Hopkins, James ed. *Philosophical essays on Freud.* Combridge Univ. Pr., 1982.

三、中文书目

1. 杨恩寰，陶银骠，陆杰荣著．弗洛伊德——一个神秘的人物．沈阳：辽宁大学出版社，1986年．
2. 张传开，章忠民著．弗洛伊德精神分析述评．南京：南京大学出版社，1987年．
3. 张英著．精神分析述评．沈阳：辽宁大学出版社，1987年．
4. 高宣扬编译．弗洛伊德传．香港：南粤出版社，1980年．
5. 郑希付编著．现代西方人格心理学史．开封：河南大学出版社，1991年．
6. 傅正谷编著．外国名家谈梦汇释．天津：天津社会科学出版社，1991.
7. 张肖松编著．心理学史．台北：巨流图书公司，1987年．
8. 车文博著．意识与无意识．沈阳：辽宁人民出版社，1987年．
9. 弗洛伊德著，林克明译．日常生活的心理分析．台北：志文出版社，1970年．
10. 弗洛伊德著，廖运范等译．弗洛伊德传．台北：志文出版社，1985年．
11. 约翰·里克曼编，贺明明译．弗洛伊德著作选．成都：四川人民出版社，1986年．
12. 马克思恩格斯选集（第四卷，第七卷）．北京：人民出版社，1975年．
13. 恩格斯著．自然辩证法．北京：人民出版社，1971年．
14. 弗洛姆著，尚新建译．弗洛伊德的使命．北京：生活·读书·新知三联书店，1986年．
15. 弗洛伊德著，孙恺祥译．弗洛伊德论创造力与无意识．北京：中国展望出版社，1986年．
16. 弗洛伊德著，张唤民，陈伟奇译．弗洛伊德论美文选．上海：知识出版社，1987年．
17. 弗洛姆著，叶颂寿译．梦的精神分析．台北：志文出版社，1985年．
18. C. S. 霍尔著，陈维正译．弗洛伊德心理学入门．北京：商务印书馆，1985年．
19. C. S. 霍尔等著，张月译．荣格心理学纲要．郑州：黄河文艺出版社，1987年．

20. 马尔库塞著，黄勇译．爱欲与文明．上海：上海译文出版社，1987年．

21. L. 罗恩著，陈灰钦译．从弗洛伊德到荣格．北京：中国国际广播出版社，1989年．

22. 奥兹本著，董秋斯译．弗洛伊德与马克思．北京：生活·读书·新知三联书店，1986年．

23. L. J. 宾克莱著，王太庆等译．理想的冲突．北京：商务印书馆，1983年．

24. 雅罗舍夫斯基等著，王玉琴等译．国外心理学的发展与现状．北京：人民教育出版社，1981年．

25. 唐斯著，缨等编译．影响世界历史的16本书．上海：上海文光出版社，1986年．

26. 冯至选译．海涅选集．北京：人民文学出版社，1983年．

27. 萨特著，陈宣良译．存在与虚无．北京：生活·读书·新知三联书店，1987年．

28. 高觉敷主编．西方心理学的新发展．北京：人民教育出版社，1987年．

29. E. R. 希尔加德等著，周先庚等译．心理学导论（上）．北京：北京大学出版社，1987年．

30. C. 克莱芒著，金初高译．马克思主义对心理分析学说的批评．北京：商务印书馆，1985年．

31. 埃里布·策尔纳著，李树等译．奥地利史．北京：商务印书馆，1981年．

32. 北京大学编译．十六～十八世纪西欧各国哲学．北京：商务印书馆，1975年版．

33. 北京大学编．西方哲学原著选读．北京：商务印书馆，1990年．

34. J. M. 布洛克曼著，李幼蒸译．结构主义：莫斯科——布拉格——巴黎．北京：商务印书馆，1986年．

35. 杜任之主编．现代西方著名哲学家述评续集．北京：生活·读书·新知三联书店，1982年．

36. 杜任之主编．现代西方著名哲学家述评．北京：生活·读书·新知三联书店，1980年．

37. 弗洛姆著，黄顿杰主编．弗洛姆著作精选．上海：上海人民出版社，1989年．

38. 鲁本·弗恩著，傅铿编译．精神分析的过去和现在．上海：学林出版社，1988年．

39. 弗洛伊德著，林克明译．爱情心理学．北京：作家出版社，1986年．